◎实用的喂养知识◎悉心的育儿指导◎科学的疾病养护◎全面的养护常识◎精心的生活养护

宝宝健康成长计划

主编　李丽　袁方玉

宝宝科学养护指南

主　　编　李　丽　袁方玉

副 主 编　李光彩　李　敏　孙友香

编　　者　庄文平　杜振霞　高海鹰

王　芹　李乃艳　周丽莎

谢英彪

西安交通大学出版社

XI'AN JIAOTONG UNIVERSITY PRESS

内容提要

孩子的点滴进步与成长，都需要您的精心呵护和培育。本书从营养保健、生活养护、运动保健、疾病护理与保健四个方面全面而详尽地介绍了新手父母在养育孩子过程中将会遇到的各种养育问题，希望能够为您在育儿的道路上提供一些帮助，为宝宝的成长保驾护航。本书内容丰富、专业权威、文字通俗易懂，适合大众阅读。

图书在版编目（CIP）数据

宝宝科学养护指南/李丽等主编. —西安：西安交通大学出版社，2012.1
ISBN 978-7-5605-4072-6
Ⅰ.①宝…　Ⅱ.①李…　Ⅲ.①婴幼儿—哺育—指南②婴幼儿—妇幼保健—指南　Ⅳ.①TS976.31-62②R174-62
中国版本图书馆 CIP 数据核字（2011）第 195732 号

书　　名　宝宝科学养护指南
主　　编　李丽　袁方玉
责任编辑　赵阳　王丽娜

出版发行　西安交通大学出版社
　　　　　（西安市兴庆南路10号　邮政编码710049）
网　　址　http://www.xjtupress.com
电　　话　（029）82668357　82667874
　　　　　（029）82668315　82669096（总编办）
传　　真　（029）82668280
印　　刷　陕西宝石兰印务有限责任公司

开　　本　880mm×1230mm　1/24　印张 9　字数 117千字
版次印次　2012年1月第1版　2012年1月第1次印刷
书　　号　ISBN 978-7-5605-4072-6/TS·10
定　　价　21.80元

读者购书、书店添货、如发现印装质量问题，请与本社发行中心联系、调换。
订购热线：（029）82665248　（029）82665249
投稿热线：（029）82665546
读者信箱：xjtumpress@163.com

写给家长的话

拥有一个健康、聪明、漂亮的小宝宝是每一对育龄夫妇的共同愿望。要实现这一美好的愿望，就必须掌握科学的优生优育优教原则，并在实践中加以科学地运用。每一位新妈妈和新爸爸在育儿过程中都会遇上各种各样的烦心事，还要承受着一定的生活压力和心理负担。而培育一个活泼可爱的健康宝宝是一项崇高而神圣的事业，在漫长的育婴过程中，年轻的父母每时每刻都可能遇到各种宜与忌，这就需要在日常生活中不断地加以留心注意，这样才能让自己的宝宝充分享受快乐童年的每一天。

了解婴幼儿养育过程中的宜与忌，既有助于保证宝宝的身体强壮，也有助于保证孩子的心理健康。每一位新妈妈和新爸爸在婴幼儿养育过程中要注意各方面的宜忌，为宝宝的身心健康创造出最佳的生活环境。《宝宝科学养护指南》由具有丰富经验的临床医生和妇幼保健专家共同撰稿，全书从生活宜忌的角度出发，较为全面阐述了喂养、生活护理、体育锻炼、保健等方面的宜与忌，相信她们提出的宜与忌最具有实用价值和指导意义。

祝愿每一个家庭都能幸福地拥有一个健康活泼的宝宝，每一位宝宝都能幸福地拥有快乐的童年生活。

愿《宝宝科学养护指南》成为您和家人的良师益友。

谢英彪

2011年10月

目录

营养保健篇

生活养护篇

运动保健篇

疾病护理保健篇

营养保健篇

YING YANG BAO JIAN PIAN

婴儿营养需求的特点

婴儿是指1岁以内的孩子。婴儿的营养补充除了促使体格生长外，对智力的影响也同样重要。婴儿期的阶段，一方面因生长发育特别迅速，需要比较多的营养素；另一方面消化功能薄弱，不能摄入、消化固体类的食品，而流体及半固体类食物容积大，对胃容量小的婴儿来说，只能少量多次摄入，如处理不当就可出现腹泻、营养不良等疾病。

婴儿营养物的摄入要注意质与量，蛋白质、糖类及脂肪三种产能量营养素之间的比例，约以1：4：2比例比较适宜。蛋白质摄入过少可影响小儿生长发育的速度，使组织的修复缓慢，抵抗力降低，而蛋白质摄入过多可以使大便干燥、体温升高，增加肾脏的负担；糖类过多，如牛奶中加了较多的糖，会使婴儿体态肥胖但同时肌肉松弛、抵抗力差，容易生病；若长期脂肪供给量不足(例如吃脱脂或半脱脂奶，腹泻后长期进素食)，非但婴儿体重不增，还会出现各种脂溶性维生素缺乏症，而脂肪摄入过多会引起腹泻、消化不良等。三大营养素摄入过多可造成肥胖症。

一般说来生后4个月内，如果母乳充足，应该用母乳喂养(但需补充维生素D)，5个月起应逐步增加辅助食品；如果母乳不足，需补充牛奶。以后的饮食应荤素搭配、米面搭配，提倡平衡饮食，这样婴儿才能茁壮地成长。

宝宝一出世，求生的本能驱使他首先迫不及待地寻觅适于自己的食物，这是极其合情合理的。因为宝宝要在短短的4～5个月内，让自己的体重变为出生时的2倍，1年以内增至3倍。大脑的发育也很快，出生5个月后，脑重量将由初生时的350克增长至600克左右，到1周岁时，则要达900～1 000克，而到2周岁，脑细胞数量基本完成，否则，智力的发育就要造成终生难以弥补的缺损。由此可见，襁褓时代的饮食营养实在是太重要了。

儿童期所吃的东西，能影响人的身体、健康，甚至整个的一生。在两个主要的生长加速期——婴儿期和青春期，食物显得极为重要。骨骼的发育就是一个例子。婴儿期不用母乳喂养而用配制的婴儿奶粉喂养的儿童，8岁时他的骨质的钙化作用发育较差，因为8岁儿童的骨质密度受出生时第一个月喂养食物的影响。母乳喂养的另一项长期好处是：在智力效应、体格发育、运动技能、免疫功能等方面均优于其他喂养食物，其原因就在于，形形色色的奶粉均无法全面提供母乳所具备的生长必需物质。母乳中一定的脂肪酸和维生素能刺激特殊的神经外膜发育，这对于生理功能方面的发育相当重要。

父母的喂养习惯是建立宝宝正确饮食习惯的关键因素，所以年轻的父母们应引导蹒跚学步的孩子吃各种各样的食物。出生后6个月开始，婴儿会开始把任何可得到的东西放进嘴里，实际上就是婴儿对要吃不同食物的本能表达。关注这种本能，尽可能地让宝宝接触各种有益健康的食物。同时，也应关注宝宝自然的饿和渴的信号。当宝宝不饿时，仍要他们吃，这种强制宝宝的进食方法是有害无益的。

婴儿最适宜的天然营养品——母乳

根据联合国儿童基金会对母乳喂养的定义，母乳喂养按不同水平分成以下三类。第一类是全部母乳喂养，它包括纯母乳喂养和几乎纯母乳喂养。其中，纯母乳喂养指除母乳外，不给婴儿吃任何其他液体或固体食物;几乎纯母乳喂养指除母乳外，还给婴儿吃维生素、果汁，但每天不超过1～2次，每次不超过1～2口。第二类是部分母乳喂养，它包括高比例、中等比例及低比例母乳喂养。其中，高比例母乳喂养指母乳占全部婴儿食物80%以上的喂养；中等比例母乳喂养指母乳占全部婴儿食物的20%～79%的喂养;低比例母乳喂养指母乳占全部婴儿食物的20%以下的喂养。第三类是象征性母乳喂养指几乎对婴儿不提供热量的母乳喂养。从上述可以了解到母乳喂养在实际实施时包括了以上多种的情况，往往可以是其中一种或二种以上的情况混合或者交替存在。

母乳是孩子出生后4～6个月内的最佳营养食品，年轻妈妈应坚持给孩子母乳喂养。母乳为母亲气血所化生，是婴儿最适宜的天然营养品，也最适合小儿生长发育的需要。

婴儿出生后能够得到母乳喂养，是人生健康的第一步。一般说来，产后4～5天内所分泌的乳汁称为“初乳”，产后5～14天的乳汁为过渡乳，14天以后的乳汁为成熟乳。研究表明，初乳稀薄，含脂肪少，正适合初生儿消化能力较弱的特点。随着婴儿月龄逐渐增长，乳汁也变得浓稠，其中的蛋白质、脂肪、糖类等营养物质含量增加，并且比例适当。母乳所含的钙磷比例也十分适当，其含不饱和脂肪酸较多，并有大量的脂肪酶，其脂肪颗粒小，十分有利于小儿的消化吸收。母乳中的乳糖可促进肠道生成乳酸杆菌，造成肠内pH较低，形成酸性的环境，抑制了大肠杆菌的繁殖，有利于大脑的发育。母乳中含有免疫球蛋白、溶菌酶和吞噬细胞，具有抗感染的作用，所以母乳喂养的小儿疾病发生率低。母乳喂养还可增进母子之间的感情，有利于母亲对小儿的照看，使小儿生病能够及早发现，及早就医。同时，母乳喂养也有利于母亲产后身体的恢复，是母子双得益的较佳选择。

科学养护经

母亲患哪些疾病不宜哺乳

母亲患有疾病，不宜给孩子喂养其乳汁，因为强行喂养会产生一些恶果，给母体和婴儿造成危害。

如患有严重的心脏病、心功能不全者、严重的肾脏疾病、严重的肝脏疾病、精神病、癫痫病等均不宜哺乳，因为哺乳会增加母亲的负担，无疑会造成病情恶化。

哺乳期间有病毒感染者，为了婴儿的安全和健康也不宜喂养母乳。如巨细胞病毒急性感染期、人类T-淋巴细胞病毒感染、艾滋病病毒阳性、乙型病毒性肝炎患者HBeAg和HBsAg阳性、结核菌感染、梅毒血清阳性等，均不宜喂养母乳，以免将这些病毒细菌传播给无辜的婴儿。

母乳喂养好处多多

母乳是宝宝最理想的天然食品。可是，有的妈妈为了保持体型或减少麻烦，不给婴儿喂母乳，而靠人工喂养代乳品，这是十分不对的。除了某些患有疾病的母亲不宜哺乳外，都应该让宝宝吃母乳。这是因为母乳有以下优点。

◎ 母乳营养丰富，且易消化、吸收。特别是人体内三大营养物质即蛋白质、脂肪、糖的比例适当，对于消化、吸收功能远低于成年人的婴儿来说，不会出现三大营养物质失衡。同时，构成蛋白质、脂肪、糖的氨基酸、多糖成分也适于小儿消化功能特点，而易消化、吸收。

◎ 母乳除营养丰富外，由于其含钙量高，每100克母乳含钙可达30毫克，可以减少小儿佝偻病的发生，尤其人乳中钙与磷元素的比例适宜(2:1)，与正常人体内钙、磷比例一致，易于吸收，对婴儿生长发育有益。

◎ 母乳具有增进小儿免疫力，增强小儿体质作用。母乳中含有多种抵抗病原体如细菌、病毒、过敏原的免疫球蛋白，具有抗感染、抗过敏的作用；母乳中还含有促进乳酸杆菌生长、抑制大肠杆菌、减少肠道感染的因子，这些因子在预防小儿肠道或全身感染中都有一定作用；母乳脂肪中含人体必需脂肪酸较牛奶多，尤其是亚油酸更加丰富，因此，母乳喂养的孩子不易得湿疹；母乳含糖量高，适合婴儿的需要，还能抑制新生儿肠道腐败菌和大肠杆菌的过度生长，故不易发生腹泻等肠道疾病。

◎ 母乳喂养有利于小儿智力发育。调查发现，吃母乳长大的孩子较人工喂养长大的孩子智力发育要好，比较聪明。这与母乳营养丰富，吸收好有关。

◎ 母乳新鲜，温度适宜，且直接喂养，方便卫生。同时婴儿的吮吸刺激可以刺激母亲子宫收缩，促进恶露排出，使母体尽快恢复。母乳喂养可增强母子之间骨肉感情，使婴儿感到母爱的温暖。

如何做到完全母乳喂养

什么时候开始给新生儿喂奶？这是个长期有争论的问题，多数产科都执行母亲分娩后6～12小时后才开奶，甚至更有些产妇直到住院4～5天要出院时，才看到自己的婴儿。研究表明，母亲分娩后30分钟内就应帮助母亲立即喂哺自己的婴儿为最好，这就是现在所提倡的“早接触、早吸吮”。具体做法是：在新生儿出生脐带结扎后，如无异常情况，将婴儿身体上的血迹擦干净，在其他人的帮助下，让新生儿全裸地俯卧在母亲的胸腹部，天冷时应注意要做好保暖工作，同时母亲用乳头刺激新生儿的面颊部或口唇，可引出宝宝的觅食动作，此时将乳头放入婴儿口中可以引起婴儿的吸吮动作。此时应抬高母亲的双肩和头部，让母亲能看到自己的婴儿吃奶的样子。这样有助于母亲忘掉分娩带来的一切痛苦，使她的情绪完全处于兴奋状态，哺乳还使母亲体内的催乳素和催产素大量分泌，为今后的乳汁分泌和排乳做好准备。因此，这种早接触、早吸吮为今后母乳喂养成功奠定了基础。

一天当中应当给新生儿喂几次奶？这也有不同的看法，过去一般认为应定时喂奶，即每隔3小时喂奶一次。因此，有的母亲定时，不到时间决不喂奶，结果使婴儿和母亲都非常紧张，反倒使母乳喂养失败。现在主张的是“按需哺乳”，即新生儿饿了就喂奶，母亲涨奶了就给婴儿喂奶。这是因为新生儿的胃容量较小、吸吮能力也较弱、吸吮时间较短，不能一次吃饱而持续较长时间。同时，新生儿出生后的头几天，母亲的乳房一次分泌乳汁的量不多，这就需要多次让婴儿频繁地吸吮来刺激泌乳。在做到新生儿早吸吮的基础上按需哺乳，以不断地刺激乳头，调整母亲体内的激素分泌，使乳汁分泌更多。因此，只要婴儿饿了就抱起来喂奶，真正做到按需哺乳。另外，母亲感到奶涨时，也要进行哺乳，尤其是婴儿睡眠时间过长时，也应喂哺。应当注意的是，在夜间也应当坚持给新生儿喂奶3～4次，尤其是有一些性格比较安静的新生儿睡眠时间长，喂奶的间隔时间就较长，而胃内的奶早已排空，此时容易发生血糖下降，新生儿出现精神萎靡、不哭不闹、对刺激反应差、面色不好等低血糖的表现，久之还会影响新生儿的生长发育。另一方面，夜间让新生儿多吸吮，刺激乳头使催乳素大量分泌，也有利于乳汁分泌。有些母亲为了夜间能很好的睡眠，在婴儿睡前加喂一次米粉或奶糕，这样婴儿夜间吸吮奶头的次数减少；也有的母亲根本就不哺乳，而是由家中其他人来带婴儿，夜间喂牛奶，这处做法更不可取，这也是造成母乳喂养失败的原因之一。

为了能做到按需哺乳，母亲和婴儿必须在同一个房间，便于随时喂哺。按需哺乳可以保证婴儿的营养，使新生儿生理性体重下降得少，而且恢复得也早。同时，母亲可以经常看到自己的婴儿，从而密切了母婴之间的感情。每次哺乳应多长时间？这也没有一定的要求，如果母亲的乳汁充足的话，婴儿吸吮开始后10分钟左右，即可吸尽乳房中的乳汁，此时最好再换另一侧乳房让婴儿吸吮。一个健康的婴儿吃饱后会稍有吐奶，也有的婴儿吃吃停停，这是哺乳间的休息，母亲要有耐心等待。有的母亲误认为婴儿吐奶是有不适之处，因而在哺乳中抱起婴儿拍背排气，破坏了哺乳的情调。也有的母亲误认为是婴儿吃饱了，就不再继续喂奶，这样婴儿吃不到含有较多脂肪的后奶，使供给婴儿的热能减少。长期以这种方式喂奶就会影响婴儿的生长发育。

一个母亲只要能做到早开奶、早吸吮、按需哺乳、坚持夜间哺乳，就会使乳汁分泌越来越多，完全可以满足婴儿4个月内的需要，真正做到完全母乳喂养。

乳头破裂、乳管阻塞后如何哺乳

乳头破裂常因新生儿吸吮不当所造成(即没有将乳头和大部分乳晕吸吮入口中)。此外，怀孕后期没有认真擦洗乳头，以及平时常用肥皂和酒精擦洗乳头，也可致乳头发生破裂(医学上称皲裂)。这需要新妈妈们注意掌握喂奶方法，纠正新生儿吸吮姿势，同时采取一些措施使皲裂的乳头尽快愈合。具体方法是：哺乳前用温热毛巾敷乳房和乳头3～5分钟，同时按摩乳房以刺激泌乳，并应先挤出少量乳汁使乳晕变软再开始哺乳。对于有乳头损伤的，损伤轻的一侧先哺，以减轻新生儿对另一侧乳房的吸吮力。

哺乳体位应交替，如一次为卧位，下一次则改为坐位。停止哺乳时，可温和地轻压新生儿下颏，中断吸吮。如一侧乳头皲裂，也可暂用健侧喂哺或用吸乳器吸出乳汁后再喂。平时损伤部位可涂少许乳汁、凡士林或其他洁净油脂保护皮肤，但忌用含硼酸的药水或软膏，以免引起新生儿中毒。若疼痛剧烈，可暂停哺乳24小时，将乳汁按时挤出，用小匙喂新生儿。

除了乳头皲裂外，有的产妇还会发生乳管阻塞，这类损伤大多是因乳汁淤积，不经常哺乳以及乳房局部受压所致。此时哺乳前应先热敷和按摩乳房，阻塞的一侧先哺乳，因饥饿的新生儿吸吮为最强，有利于吸通乳腺管，哺乳次数宜多不宜少，哺乳后妈妈要充分休息，保持心情愉快。

科学养护经

妈妈生气时不宜哺乳

新妈妈生气的时候或刚刚生过气都不宜给宝宝哺乳，因为人体在生气时分泌的有害物质将通过乳汁被宝宝吸收，使宝宝的免疫力下降，消化功能减退，生长发育迟滞。

人在生气的时候，可兴奋交感神经系统，使其末梢释放出大量去甲肾上腺素，同时肾上腺素髓质也大量分泌肾上腺素，而这两种物质在人体内分泌过多，就会产生心跳加快、血管收缩、血压升高等症状，危害新妈妈及宝宝的健康。

影响乳汁分泌的因素有哪些

影响乳汁分泌的主要因素有情绪波动、哺乳方式、婴儿的吸吮力及乳母的健康状况。

与泌乳有关的多种激素都直接或间接地受下丘脑的调节。因下丘脑功能与情绪有关，故泌乳受情绪影响甚大。担忧的心情如惟恐泌乳量不足，可以刺激肾上腺素分泌，使乳腺血流量减少，妨碍营养物质及有关激素进入乳房，从而进一步减少乳汁分泌。刻板地规定哺乳时间也可造成精神紧张，故在产后早期采取按需哺乳的方式并做好及时的宣传解释工作甚为重要，新生儿期应合理安排母亲的生活及工作，避免焦虑、悲伤、过度疲劳等。

按需哺乳及每日多次哺乳可使血液中催乳素保持较高的水平。吸吮对乳头的刺激可反射性地促进泌乳，乳汁排空后使腺泡的压力降低，也可进一步刺激乳汁合成，因此，有力的吸吮是促进乳汁分泌的重要因素。过多地给婴儿喂糖水，往往使其在喂奶时缺乏饥饿感，此时婴儿思睡、吸吮无力，使产妇既缺乏泌乳的刺激，又产生不愉快情绪，从而导致泌乳减少。

乳母的健康状况显然会影响泌乳功能，故妇女产后的卫生保健对婴儿也十分重要。

科学养护经

初乳很宝贵

初乳是指产后4～5日以内分泌的乳汁，因初乳颜色黄，比较清淡，所以有的人认为“初乳”是“坏乳”而白白挤掉，很可惜。因为初乳营养价值很高，含有丰富的蛋白质、脂肪、乳糖、矿物质，同时还含有大量的分泌型免疫球蛋白，它能杀死破伤风杆菌、百日咳杆菌、肺炎双球菌及引起腹泻的大肠杆菌，且能抵抗麻疹、脊髓灰质炎等病毒。实践证明，产后开奶时间越早，乳汁分泌越好；吸吮越勤越早，产乳越多。

给新生儿哺乳，忌弃掉初乳

产后4～5日以内的乳汁称为初乳。初乳呈黄白色，稀薄似水样，内含多量的蛋白质和矿物质，较少的糖和脂肪，最适合新生儿的消化要求。但在一些地方，受旧风俗的影响，主张把产后前几天的少量黄奶汁挤出扔掉，嫌这些开始的乳汁不干净。其实，初乳不但营养质量很高，而且有免疫作用。

根据对产后1～16天母乳营养成分的调查结果显示，初乳中免疫球蛋白含量很高，还含有大量免疫物质，能保护新生儿娇嫩的消化道和呼吸道的黏膜，使之不受微生物的侵袭，而这些物质在新生儿体内含量是极低的。如果用母乳进行喂养，可使新生儿在出生后一段时间内防止感染。初乳中含有中性粒细胞、巨噬细胞和淋巴细胞，它们有直接吞噬微生物异物、参与免疫反应的功能，能增加新生儿的免疫能力。

初乳还含有丰富的微量元素，如锌对促进婴儿的生长发育特别是神经系统的发育，很有益处。初乳有轻泻的作用，它可以使新生儿的胎粪尽早排出。

由此可见，初乳是新生儿最理想的营养食品，所以应该让新生儿吸吮初乳，不应把初乳弃掉。

哺乳前人工喂养弊多利少

在母亲第1次喂奶前喂给婴儿糖水或牛奶，称为哺乳前喂养，目前许多医院和家庭正在这样做。有研究表明，哺乳前喂养没有必要，应当废除。这是因为新生儿在出生前，体内已贮存了足够的营养和水分，可以维持到母亲来奶，而且只要尽早给新生儿哺乳，少量的初乳就能满足刚出生的正常新生儿的需要。

如果坚持进行哺乳前喂养，反而会对婴儿和母亲都带来不利。因新生儿吃饱以后，不愿再吸吮母亲的乳头，也就得不到具有增强免疫力作用的初乳，而人工喂养又极易受细菌或病毒污染而引起新生儿腹泻，过早地用牛奶喂养也容易使新生儿对牛奶产生过敏等。对母亲来说，推迟开奶时间也相应地使母亲来奶的时间推迟，如新生儿再不把奶水吃完，母亲更易发生奶胀或乳腺炎。

正确的哺乳方法有助孩子成长

刚刚做妈妈的妇女，应学会正确的喂奶方法。首先，每次哺乳前，应给婴儿更换清洁干燥的尿布，母亲先洗净双手，再用温开水洗乳头。喂奶时母亲姿势要舒适，以减轻疲劳，抱起婴儿面朝母亲侧卧，让婴儿的嘴及下颏紧靠乳房。母亲用食指及中指夹住乳房，将乳头及乳晕完全送入小儿口中。注意不要让乳房堵住小儿鼻孔，以免影响呼吸。小儿吸吮动作缓慢有力，母亲的乳汁会大量涌出，此时母亲可用手指挡一下或暂停一会，以防止引起小儿呛咳。母亲应取坐位，不要躺着给孩子喂奶。

每次喂奶，每侧乳房可分别喂5～15分钟。因为母乳排乳反射至少3分钟，在5分钟内乳房排空75%，10分钟内排空90%。每次喂奶应吸空双侧乳房，吸空一侧再吸空另一侧。每次哺乳时间15～20分钟，最长不超过30分钟。因为较长时间的喂奶可使新生儿养成吃奶缓慢的习惯，也不利于促进乳汁分泌。

喂奶完毕，可将小儿扶起轻抱于母亲肩部，轻拍其背部以吐出空气，然后要将婴儿侧卧，以防溢奶后吸入气管。

切勿躺着给婴儿喂奶

给小儿喂母乳的妈妈，常常习惯于躺着喂奶，以为这样省事、舒服，妈妈还可以睡觉。但是，这样做常常会堵住小儿的口鼻，不但使小儿无法吸吮，还可能使小儿窒息，造成生命危险。所以，哺乳时应把小儿抱起来，坐着喂奶，让小儿躺在妈妈的怀里。这样既可避免乳房堵住小儿的鼻孔而影响呼吸，又可轻轻将乳汁挤出帮助小儿吸奶。给婴儿喂奶时母亲不能睡觉，否则可能无意中堵住小儿的鼻子，同时也不好掌握喂奶的时间。躺着给婴儿喂奶，还会造成婴儿耳聋。这是因为婴儿的咽鼓管短，位置平而低，躺着喂奶将有一部分奶或小儿呕吐物带细菌流到孩子的耳朵里去，加之婴儿的免疫机能尚不健全，细菌侵入耳的鼓室和中耳，易引起急性化脓性中耳炎，如治疗不及时，就可导致耳聋。所以母亲不要躺在床上给婴儿喂奶，同样婴儿也不要躺在床上吮吸奶瓶，因为这样也可使乳汁顺着婴儿短且低平的咽鼓管流入耳内，污染中耳，也可引起化脓性中耳炎。

正确的哺乳姿势应该是母亲坐在椅子上或床上，将婴儿抱起，左肘部抬高45°，将婴儿头部放在左肋部，再让婴儿吮吸乳汁。人工喂养用奶瓶也要这样，一定要让婴儿头部抬高45°，这样可以防止乳汁流入耳内引起污染，也不会堵住小儿口鼻。

吸空乳房好处多

奶量的多少与乳腺接受刺激的强弱有关，对乳腺的刺激越强，乳汁的分泌越多。因此，如果乳腺内奶液每次都被乳儿全部吸出，乳管内空虚，乳腺就会受到较大刺激，分泌的乳汁就会增加。有的乳儿一次不能将乳汁全部吸尽，母亲又舍不得把剩余的奶汁挤掉，如果经常这样，乳腺刺激减少，就会慢慢地使乳汁分泌减少，造成乳汁不足。

此外，由于剩余奶汁堵塞乳腺，也会引起乳房内出现圆形或椭圆形的硬块，造成乳房胀痛或刺痛，甚至发生乳腺炎，影响母亲健康和婴儿喂养。

因此，当婴儿吸完奶后，乳房里仍有乳汁时，乳母要把乳管里的剩余奶汁用手挤尽或用吸乳器吸尽。这样乳房轻松，而且乳汁分泌快且多，有利于增加乳汁。

按需哺乳，宝宝更健康

有的人习惯于定时给婴儿喂奶，使婴儿同成年人一样定时定次的吃奶。有研究表明，这种传统的定时喂奶对婴儿和母亲都不利，应做到按需喂奶，婴儿想吃就喂，母亲奶涨就喂，这样可满足母婴的生理要求。

刚刚出生的新生儿吸吮力很强，这是宝宝学习和锻炼吸吮能力的最佳时刻，不必拘泥于定时喂奶。如定时喂奶，宝宝可能入睡不吃，而不喂奶时，宝宝又想吃，哭闹不停。因此，硬性规定喂奶时间和次数，就不能满足其生理要求，必然会影响其生长发育。

按需喂奶、勤喂奶，还能促进母乳分泌旺盛，有利于婴儿吃饱喝足，可加快婴儿生长发育。实验证明，每天喂6次奶，乳汁分泌平均每日泌奶为520毫升，如每天喂奶12次，每天平均分泌乳汁725毫升。同时有利消除奶涨，减少患乳腺病的机会。

为了实现按需喂奶，婴儿生下来就应和妈妈睡在一起，实行母婴同室，这除了能保证随时喂奶有利母婴外，还便于增强母婴关系，较快地提高母亲抚养婴儿的能力和使新生儿多接受到母爱。

母乳喂养期间谨防维生素K缺乏症

单纯母乳喂养，尤其是在哺乳母亲自身体内维生素K缺乏的情况下，婴儿可能会因维生素K缺乏而引起消化道皮肤黏膜及颅内等部位出血。母乳喂养引起的维生素K缺乏性出血现象发生于婴儿出生后24天～3个月之间，通常称之为晚发性出血，其临床特点为出血时间正常而凝血时间延长，血小板计数正常而凝血机制出现障碍，输新鲜血或静滴维生素K可迅速止血，晚发性维生素K缺乏致出血对婴儿健康十分不利，可引起贫血，肝肾功能障碍、心力衰竭、昏迷等危象，抢救不及时就会有生命危险。

为保证婴儿健康生长发育，母乳喂养期间应积极预防婴儿晚发性维生素K缺乏症的发生，主要措施如下：①新生儿出生后要早喂奶，早喂奶可促进肠道菌群形成，利于维生素K的合成；②哺乳母亲应多食绿色蔬菜、黄豆、肝脏、蛋黄等含维生素K较多的食物，提高母乳中维生素K的含量；③掌握正确喂奶方法，后半部分母乳所含维生素K明显多于前半部分母乳，故喂奶时应先让婴儿吃空一侧再吃另一侧；④如果乳母患有肝胆疾病或服用了妨碍维生素K生成的药物，应口服补充维生素K。一般从产前两周开始服，每天口服维生素K 20毫克；⑤尽管母乳喂养是婴儿维生素K缺乏的主要因素，但不是惟一因素。小儿患有肝胆疾病，腹泻及感染性疾病时，维生素K摄入，吸收和利用会不足，遇到这些情况时，就在积极治疗原发病的同时，每周肌内注射维生素K 5～10毫升。

在大力提倡母乳喂养的同时，应强调在新生儿刚出生及新生儿晚期至婴儿期应结合婴儿的身体状况及有无腹泻、感染等，及时合理地补充维生素K，以解决母乳中维生素K含量的不足。

母乳不足怎么办

婴儿在吃母乳时，常常是吃奶时间超过20分钟或更长一些，还不肯放开乳头，或是用力吸住乳头，不让妈妈抽出，也有时吸一阵，吐出奶头哭一阵，再吸。这些表现表明母亲的乳汁分泌不足。母乳不足时，婴儿常常不到吃奶的时间就感到饥饿，因而哭闹，夜间也不好好睡觉。另外，从婴儿生长的情况也能判明，假如体重增加得不好，婴儿长得瘦弱，又无其他疾病，多是母乳不足造成的。

正常情况下，母乳足以喂到6个月，但有很多因素可导致母乳不足。每次哺乳只需要10～15分钟，婴儿吸吮的乳汁就可以达到其必需的量。当母乳不足时，婴儿会出现：常想吃奶、睡不熟、好哭、体重减轻、皮下脂肪变少等，甚至发生饥饿性腹泻。发现母乳不足时应该：①乳母情绪要稳定，要愉快，要休息好；②乳母要吃易消化营养丰富的食物；③让小儿每次吃奶要吸空乳房，如有乳头凹陷或破裂，应及时加于治疗；④用中药发奶，针灸乳根、膻中、少泽等穴位，可使乳汁分泌增加；⑤采用了多种方法，乳量仍不足者，应考虑混合喂养或人工喂养，但这是下策。

母乳不足时，除喂母乳外，还要以其他乳类或代乳品，采取人工喂养的方法，来补充营养的需要，进行混合喂养。①对小月龄的婴儿，可以先喂约10分钟的母乳，然后补授一定量的鲜牛奶，这样既先吃完高营养价值的母乳，又补充了优质蛋白的不足；②如婴儿吃完母乳后，不肯再吃乳类食品，而母乳在间隔一次不哺喂后，奶量还够吃一次时，就可以采取一顿纯吃母乳，下一顿完全喂牛奶或其他代乳食品的间隔喂法；③也可根据母亲工作情况或其他原因，安排早、晚吃母乳，白天喂1～2次乳类或其他代乳食品；④如母乳不太缺少，就可以一次喂纯母乳，下次喂母乳后加喂一定量的代乳品的间隔喂法，或多吃几次母乳，而其他乳类或制品只喂1～2次；⑤个别婴儿如吃母乳后不肯吃其他乳类或代乳品，而母乳又不够吃饱一顿时，就只好采取先吃牛奶后吃母乳的办法。

补充奶类或代乳品的用量，要根据母乳缺少的情况来定，可以先采取一定量试喂，如果婴儿能全吃掉，可以再试加一些，只要吃后有饱的表现，而消化也正常就可以了，此后则根据月龄的增长再适当调整用量。

科学养护经

婴儿服药前后忌喂奶

婴儿患病时，在服药前后忌给婴儿喂奶。这是因为：①服药前，家长不要给病婴喂奶或饮水，使病儿处在半饥饿状态，以防止恶心、呕吐，同时，也便于将药咽下；②婴儿服药后不要马上给婴儿喂奶，以免发生恶心、呕吐。婴儿将药咽下后，可继续喂糖水或白开水20～30毫升，将口腔及食管内积存的药物送入胃内。

含乳头入睡危害多

有的妈妈为了让孩子很快入睡，喜欢让婴儿吮着奶头睡觉，这种习惯非常不好。婴儿吮着奶头睡觉，一醒就吸奶，天长日久容易导致胃肠功能紊乱而发生消化不良。此外，被窝里的空气本来就不新鲜，加上婴儿嘴里含着奶头，呼吸动作受到一定的限制，故可引起孩子缺氧而导致睡眠不安。一旦妈妈熟睡后，身体和乳房也有可能堵住孩子的口鼻，引起呼吸困难，甚至发生危险。

用塑胶奶嘴放在孩子嘴里哄孩子入睡也不好。这样做虽能起到一些作用，孩子含着奶嘴很快就会睡着，时间久了就会养成含奶嘴入睡的习惯。但这样做也产生许多不良后果，主要有以下方面：①经常含奶嘴，孩子总在进行吸吮，会咽下过多的空气，造成胃内空气胀满，会增加吐奶的可能，有时还会引起腹痛；②不断地吸吮会给口腔发育造成影响，造成上下颌骨发育畸形，影响面部的美观；③形成了吸吮奶嘴的习惯以后就很难改正，日后孩子稍大需要断奶时会非常的困难；④孩子含奶嘴睡着以后，奶嘴有可能堵塞孩子的口鼻，造成窒息。因此，用奶嘴哄孩子入睡并不是一种好方法，还会对孩子的健康带来不利影响。

给宝宝添加辅食的小秘诀

随着孩子日渐成长，单靠喂奶已不能满足营养上的需要，这时候就应该为孩子添加辅食。对于孩子来说，断奶过渡期是一个重要的学习阶段，因为这代表他从婴儿时期的单一饮食向成人膳食踏出了第一步。

在婴儿4～6个月时开始为其添加辅食最理想，因为此阶段的婴儿无论胃肠道、神经系统及肌肉控制等发育已较为成熟，而且舌头的排外反应消失，有正常的吞咽动作。4个月以前添加固体食物，对婴儿的生理机能会造成不良的影响，因为婴儿的消化器官还没完全成熟，消化能力有限，过早添加辅食会对幼嫩的胃肠道和肾脏造成不必要负荷，影响孩子的健康。同时，也影响胃肠道对奶的吸收。

6个月孩子已由一个只有3～4千克重的小不点，长成了7～8千克重而且会笑、会动的小人儿，这时的宝宝已经可以吃一些米糊、蔬菜、果泥甚至稀饭等食物。在这个时候，很多家长都松了一口气，给宝宝选择食物就没有以前那么细致、认真了。殊不知，这个时期仍然是孩子生长发育的重要时期，所需的营养应该更多。如果没有足够、恰当的营养支持，不但会影响他的身体发育，而且会影响他的智力和心理发育。此外，在这个时候，宝宝从妈妈身上获得的免疫物质逐渐减少，如果不注意营养，宝宝很容易患上感染性疾病。

在消化方面，宝宝已出现咀嚼运动，并开始出牙，胃肠适应能力已逐渐增强，加之已适应了之前阶段的食物，此期可以添加的食物种类扩大了，而且食物的质地也应逐渐由液状变为糊状和小块状。随着消化吸收的能力日渐提高，可试喂合适的婴儿辅助食品，由少量到多量，从一种增加到多种，从细到粗，从稀到稠。可以喂宝宝混合谷类的食物，如营养奶糊等，为宝宝提供较多的蛋白质和铁等营养素，同时让宝宝尝试不同质地、不同口味的新食物。另外，在这一阶段还需添加肉泥、肝泥、蛋黄或全蛋、蔬菜泥、水果泥等，以保证孩子摄入平衡的膳食。在添加上述食品时，可将其搅拌在稀饭中一起喂小儿，或者直接选用未添加防腐剂、香料及色素等的市售谷类食品喂养宝宝，这样一方面满足宝宝所需，另一方面可减轻妈妈们制作食品的辛劳。

在为宝宝添加辅助食物时，不要喂宝宝那些无益或危险的食品。有些食品不能提供宝宝适宜的营养并且有可能引导宝宝养成不健康的饮食习惯，如煎炸的食品、加香料的饮料、巧克力等。另外，有些可能引起哽噎的食物，即使在有人看管的情况下，也不应给宝宝吃。这些食物包括生而硬的水果或蔬菜，如葡萄、樱桃或桨果、花生米、黑桃仁、油炸土豆片及小块硬糖等。

断奶过渡期首先给宝宝喂米糊，可以用小茶匙来喂哺这类食物。米在谷类中较少引起婴儿的过敏反应，妈妈可以从每日一到两茶匙开始，如果婴儿没有呕吐、腹泻及食欲不振等不良反应，可逐渐增量到每餐小半杯左右。在婴儿习惯吃米糊一星期后才可添加其他食物，譬如可尝试喂果泥和菜泥等，待宝宝习惯一种食物后再试喂另一种。

如果孩子连续两天拒绝同一种食物，就不应勉强他进食，可待日后再作尝试。辅食应避免一些难以消化及容易引起过敏的食物，应选用新鲜的材料及简单的调味烹调，在一岁以前不应该用盐和味精作调味。

断奶过渡期是宝宝快速成长的一个阶段，均衡的营养对宝宝的健康发育依然非常重要。虽然孩子已能吃固体食物，但是奶仍然是婴儿的主要营养来源。因此，妈妈应该尽量选择优质的奶类食品给宝宝作为补充。这些奶类食品应该含有优质蛋白质，容易被宝宝消化和吸收，以利于宝宝成长发育。也应含有丰富的钙质及维生素D，这样可以保证孩子的骨骼及牙齿更健康地发育，含有充足的铁质，以预防缺铁性贫血。研究表明，胡萝卜素有助视力发育，帮助宝宝增强身体抵抗力，对于宝宝的健康非常重要。

加工辅食宜细心

给婴儿添加辅助食品时，应按照下列顺序，先喂面糊等单一谷类食物，然后是蔬菜和水果，再添加肉类，这个顺序是遵循婴儿消化吸收功能发展的规律。食物的性状应从液体、糊、泥状向固体过渡，即从喂菜汤、果汁、肉汤，过渡到米糊、菜泥、果泥或肉泥，继而是小块的菜、果或肉块。

婴幼儿的食品基本分为四大类：奶及奶制品、蔬菜和水果、大米等谷类、蛋和肉类。当孩子逐渐适应了上述各类食物后，每餐或每日的食物中应包含上述四种食物，这就要求家长会制作不同种类食物的混合食物，以使孩子的营养更全面均衡。

刚给孩子制作辅食时，应选择加工后食物颗粒细小，口感细腻嫩滑的食物，如胡萝卜、苹果泥、香蕉泥、蒸鸡蛋等，利于孩子吞咽和消化吸收，稍大后可选择食物颗粒较粗大的食物，以锻炼孩子的牙齿，促进咀嚼功能的发展。

家长不应用成人的口味来制作婴儿食物，婴儿食物以口味清淡天然为佳，不宜添加盐、过多的糖等调味剂，以免增加肾的负担，并养成日后嗜甜或嗜咸的不良习惯，更不可添加人工色素、味素、防腐剂等添加剂。

制作婴幼儿食品的用具和进食的餐具应消毒，保持清洁卫生，因为宝宝的免疫力较成人低，易受病菌感染而患病。

断奶时机要合理

一般认为，婴儿食用母乳10～12个月后即可断奶。过早断奶代之以人工喂养会对婴儿的生长发育产生某些不良影响，因为母乳是婴儿最理想的天然营养食品。我国的一些农村地区，小儿长到2～3岁时仍然在吃母乳，这种小儿往往瘦弱易生病，因为随着婴儿的逐渐长大，对营养素的需要量相应增加，而母乳量和其中的营养成分已不能满足小儿生长发育的需要，因此，婴儿4～5个月就要逐渐增加辅食，而婴儿吃奶的次数就会逐渐减少，到10～12个月时即可完全断奶。而断奶越迟，小儿恋乳心理越强，不愿吃饭和其他辅食，从而引起消瘦和营养不良。

断乳期是一个从完全依靠乳类喂养逐渐过渡到多元化食物的过程。随着婴儿的长大，母乳类已不能满足小儿生长发育的需要，同时婴儿的各项生理机能也可逐步适应于非流质食物，因此一般主张应在生后4~6个月开始添加辅食，进入断奶期，为完全断奶作准备。断奶的具体月龄无硬性规定，一般在1岁左右，但必须要有一个过渡阶段，在此期间逐渐增加辅助食品能减少哺乳次数，否则容易引起婴儿不适应，并导致摄入量锐减，消化不良，甚至营养不良。仅在特殊的情况下，如母亲突患严重疾病或因急事需要外出，方可于短期内完成断奶（此时对婴儿开说确有一定的风险），这时如果婴儿吵闹过度可用小量苯巴比妥类对症治疗。乳母可服用一些药物同时限制水分摄入，这样便可使乳汁迅速减少。炎热的天气或乳儿患病时宜暂缓断奶。

忌强行给孩子断奶

给婴儿断奶要慢慢来，让婴儿有一个适应过程。从5～6个月开始就要添加辅食，逐渐使辅食变为主食。开始每天先少喂一次奶，用其他食品来补充，在以后的几周内慢慢减少喂奶次数，逐渐增加辅食，最后停止夜间喂奶，直至最后完全断奶。有的父母给婴儿强行快速断奶，结果婴儿哭闹不停，很容易使婴儿上火，吃不好，睡不好，影响健康。

也有的平时不为小儿断奶做准备，要断奶就往奶头上抹辣椒水或红药水，以此吓唬孩子。这种突然断奶的办法不好，它会使小儿感到不愉快，影响情绪，容易引起疾病，也有的会因为不适应其他食物，造成营养不良。在目前有一种新观点，称为自然断奶，即不断诱导孩子吃其他食物，而且还允许小儿吃奶，逐步使婴儿自己停止吃奶。

选择断奶食品有讲究

◎ 4～6个月的断奶食品。在婴儿不太饿也不太困倦的情况下，给他尝试断奶食品，该阶段食物应细腻、滑润、易消化、不含果蔬中的籽或长纤维等，口味应清淡适中，不添加盐、蔗糖。

◎ 9～10个月的断奶食品。经过前一阶段的喂食，婴儿已逐渐适应了断奶食品，而且本阶段婴儿的活动能力增强，生长发育极快，已开始出牙，因而本阶段的食品也应与此相适。口味增多，以使婴儿适应更多的新口味；品种增加，提供更多的营养素；食物中所含2～4毫米左右软颗粒，可被婴儿的牙床轻易磨碎，从而起到锻炼牙齿的作用，并提高进食兴趣。

◎ 10～36个月的断奶食品。应给予该阶段婴幼儿更多口味和状态的食物，并逐渐接近成人食品。肉、菜、谷物混合型的正餐食品(含有小块的肉类、整粒米饭、小块面条)将是极好的选择。另外，为满足其正常的生长发育添加不同口味的果汁、水果类食品都是十分必要的。可以用手拿的块状食品，应继续供给。

宝宝只喝奶不吃饭怎么办

奶类，尤其是母乳，只是婴儿一段时期内的主要食品。生后至4个月，婴儿只吃母乳就可以满足生长发育的需要。随着年龄的增长，奶类所提供的营养素已无法满足小儿生长发育的需要了，必须接受其他食品。如果只吃奶，拒绝其他食品，必将导致生长发育迟滞。婴儿只吃奶，不吃饭的纠正方法有以下几种。

◎ 每日的进食时间固定，先喂饭，后喂奶。进食时间固定，可形成有益的条件反射，使婴儿食前就产生饥饿感(即使这是由吃奶而建立起来的也无妨)。孩子感到肚子饿时，就有可能接受除奶以外的食物。在开始加饭时应从少量开始，使他有个适应和品味的过程，不能操之过急。

◎ 食物的制作要精细，颜色有适当调配，要适合婴儿消化系统的发育水平，使之能够接受。婴儿对色彩鲜艳的东西有较高的兴趣，在提供食物时可利用这一心理特点，将饭菜的颜色调配适当，使他更容易接纳这种食物。切忌把食品做得颜色很深，那样会引起反感。

◎ 家长要有信心和恒心。婴儿在开始吃饭时恐怕会用哭闹等方式进行对抗，家长不能因为哭闹就不坚持了，一旦妥协，就更不容易纠正这一毛病了。

混合喂养和人工喂养应注意的问题

母乳不足或母亲不适合哺乳则应采取混合喂养(即用部分人工喂养的方法补充母乳

不足)和人工喂养。人工喂养(包括混合喂养)除不完全具备母乳喂养的优越性外，还有其他缺点，如婴儿由于吮吸橡胶奶嘴，其口腔运动截然不同于母乳喂养，如再次母乳喂养时，婴儿就会出现乳头错觉，有拒奶、烦躁等现象，造成母乳喂养困难，这在混合喂养的婴儿方面最为明显。因此，在混合喂养和人工喂养时，除要在喂养的食品上讲究营养成分适合婴儿发育需要外，还必须注意以下事项。

◎ 婴儿混合喂养，在每次喂奶时应先吃母乳，约10分钟后加喂牛奶、羊奶或其他代乳品。母乳和其他奶类或代乳品间隔喂，或交替喂。一天只喂1～2次其他奶类或代乳品，其余喂奶时间全喂母乳。

◎ 混合喂奶和人工喂养，都必须作好奶具消毒。由于奶类和其他代乳品易繁殖细菌，食物容易变质，从而引起消化不良。所以首先要搞好奶具消毒和其他乳品的保存，平时要把消毒的奶具保存好。

◎ 配奶时要注意卫生，先把手洗干净。消过毒的奶，要用漏斗分装在瓶内，用消毒巾盖好，最好放在10℃以下地方冷藏，吃时用开水温热即可。

◎ 喂奶时温度要合适。喂前可将奶滴在手背或将盛奶的奶瓶贴在脸颊上试温度，以不感到烫也不感到凉为宜。

◎ 奶嘴孔大小要合适。在奶嘴上扎1～2个孔，以孩子在10～15分钟吃完为适宜。喂奶时要随时注意将奶汁充满奶嘴，以免孩子吸进空气。

◎ 每次喂奶要适量。一般认为孩子要吃多少就是宝宝的需要量。一天总乳量计算为：新生儿一日乳量约等于体重的1/5；2～4个月为1/6；6个月为1/7；7～12个月为1/8。喂养新生儿要用2∶1的奶和水，2～4周后用3∶1的奶和水，1个月后可喂4∶1的奶和水或全奶。

◎ 奶粉调配，按重量1∶8配，即1份奶粉，8份水，这样相当于全奶。

◎ 注意婴儿大小便情况。糖少、蛋白质多，大便干燥，尿量少而发黄；糖多则大便有泡沫或酸味。了解大小便情况，有利于喂养调配。

◎ 在补喂或喂牛奶、羊奶或其他代乳品以补充母乳不足的同时，还应及时添加辅食。婴儿出生后2～3个月，可添加菜汤、西红柿水或山楂水、鲜橘子汁等富含维生素C的食品。4～6个月时，孩子的唾液腺才能发育完善，唾液量增加，并富含淀粉酶，所以这个时期可适当增加淀粉食品，如米粉糊、奶糕及烂粥、烂面条等。蛋黄、猪血等富含铁质的食品，也可在同时添加。稍后可添加菠菜泥、青菜泥、土豆泥等食品。7～8月时可添加碎菜，以锻炼牙齿的咀嚼能力，促进胃肠的消化与吸收。8个月以后婴儿可逐渐过渡到食用全蛋、禽肉、鱼肉、肝泥、豆腐、赤豆沙等，到1周岁时即可以添加瘦猪肉、牛肉等，以丰富婴儿的食谱，促进食欲。

奶瓶喂养有讲究

用奶瓶喂哺婴儿，要讲究卫生和正确的方法。

◎ 喂奶时，应把婴儿抱紧，使宝宝体验和享受母亲的温情。喂奶前要先滴几滴奶在手腕或手背上，试试温度，不可太热或太冷，要正好适宜食用。大人千万不要用嘴吮奶试温，以免传染疾病。

◎ 喂奶时，要倾斜奶瓶，使奶瓶和婴儿面部垂直成90°，不要用瓶口压迫嘴唇，以便使瓶颈充满奶水，以防婴儿吸入太多空气，引起腹胀或溢奶。奶水要能从奶嘴迅速滴出，但不可像一道水流流出。如果奶嘴孔也不能太小，可用消毒针的针头使它扩大。因为奶嘴孔太小，宝宝吃不到奶就会吵闹，或者刚吃几口就睡着了。如果洞孔太大，应更换奶嘴，因为乳汁流得太快，婴儿来不及吞咽，可引起肠绞痛。喂奶中应偶尔将奶瓶拿开，让婴儿休息，婴儿通常在12～15分钟内将奶吃完。喂奶的过程中，不要让宝宝的手指接触到奶嘴。

◎ 吃完奶后，抱起婴儿在背部轻轻拍一拍后放下(方法与母乳喂养相同)，然后要把奶瓶中剩下的奶水全部倒掉，瓶内外彻底冲洗干净，不要留下任何残留物，以防细菌滋生。将奶瓶装满水放在一边，以便与其他喂奶用具一起清洗消毒。奶嘴、奶盖及螺纹环盖使用后用清洁剂清洗，用水冲洗干净，奶嘴的孔一定要用强力的水流充分冲洗，以免留有的残奶液发生变质。

◎ 在家庭对小儿奶瓶消毒最简单的方法是煮沸。煮沸消毒法是把奶具洗净后放入盛有冷水的锅内，水要没过奶具。水沸后，继续煮沸10分钟，把奶具捞出(奶嘴容易损坏应在关火前3分钟放入锅内即可)，放在清洁固定的地方，并用清毒巾蒙盖好以备用。

选择婴儿配方食品宜谨慎

初为父母的人们总是担心宝宝的营养不足，认为调配的婴儿食品比母乳好，往往在孩子出世不久，就开始辅喂婴儿配方食品。母乳是婴儿最好、最安全的天然食品，正常情况下，它完全可以满足4～6个月的婴儿各方面的营养需要。

4个月以内的婴儿胃肠屏障功能还未发育完全，其消化和吸收功能自然不完善，对一些配方食品中的蛋白质、脂肪、糖类等大分子物质难以充分消化，很容易引起婴儿机体过敏或产生其他不良反应，导致腹泻、呕吐、咳嗽或发热等。而母乳不仅利于婴儿吸收消化，还可协助预防婴儿湿疹、肠道疾病。

婴儿配方食品，实际上是根据婴儿不同生理阶段的需要而调配出的固态或液态“母乳仿制品”，即在某种工艺条件下，将羊奶或牛奶适当稀释，补充乳糖或蔗糖，再强化矿物质和维生素。但母乳中所含的特异性抗体、生长因子等多种生理活性物质(它们具有抗感染、促进婴儿生长发育等诸多作用)，在人工配方食品中是难以添加的。如果忽视母乳喂养，不仅达不到预期的效果，还会带来负效应。

配方食品在加工、储藏过程中，容易造成营养素的损失，甚至变质，母乳则不会。母乳温度适宜，喂养简单方便，配方食品则需称量、加热、调配、消毒等环节，喂食也不方便。配方食品的喂养量不能很好地控制，摄入过多，易造成婴儿体重超重或消化不良，摄入量不足又会导致营养不良。

尽管母乳喂养有许多优点，但我国目前的母乳喂养率仍低于世界卫生组织提出的80％的要求。年轻的父母们应念好科学的育儿经，若不是在无奶、母乳分泌不足，或患有乙肝、感冒、性病等可通过母乳传播的细菌性、病毒性疾病，就应该保证婴儿的母乳供应，在6个月后，方可逐渐断奶，选用优质、新鲜的配方商品，或肝泥、蛋黄、蔬菜泥、果汁、稀粥等有营养又易于消化吸收的食物来作替代品。

忌用乳酸奶代替牛奶

酸奶是用鲜牛奶通过特殊细菌发酵制成的，牛奶经酸化后，酪蛋白凝块变小，并且可使胃内酸性增高，对于孩子的消化吸收很有帮助，孩子适量食用酸奶是有好处的。需要注意的是一定要选购新鲜优质酸奶，家庭有条件的自制酸奶也可以，但是一定要注意，酸奶容易变质，不宜久藏，一定要现买现吃，或现做现吃。

此外，乳酸菌饮料也不能代替牛奶来喂哺孩子。因为尽管许多乳酸也叫“某某奶”，但其中只含有少量牛奶，从营养价值上看，乳酸菌饮料远不如牛奶，其中蛋白质、脂肪、铁及维生素的含量均远低于牛奶，因此应控制孩子食用，避免孩子因过多食用这类饮料，而减少了牛奶和其他食品的摄入量，更不能把乳酸菌饮料作为孩子的主食。

忌过多喝AD钙奶

AD钙奶是因在牛奶中强化了维生素A、维生素D(两者常同时存在)和钙等营养成分而得名。这些成分在牛奶中原本就有，只是含量较少，强化主要是针对我国的缺钙人群而进行的。维生素A能维持正常的视觉，促进生长发育；维生素D的主要功能是促进钙、磷在肠道内的吸收。

根据维生素A、维生素D和钙的作用来看，AD钙奶适合小儿发育期的营养调节。关于AD钙奶的饮用方法和饮用量，大多数产品的包装说明上没有这项内容，这从营养学角度来看是不科学的。维生素A、维生素D和钙的摄入量并非越多越好，超过一定量，就有可能造成机体的不良反应，甚至中毒。对于生长期的儿童，每天的摄入量不应大于300毫升。

宝宝需要喝高铁奶粉吗

婴儿奶粉名目繁多，强化奶粉中的高铁奶粉受到众多父母的关注，孩子真的需要高铁奶粉吗？有研究表明，9个月大的婴儿，未必需要高铁婴儿奶粉来帮助发育。研究人员针对493位9个月大健康婴儿进行实验以了解牛奶、低铁含量奶粉、高铁含量奶粉对孩子发育的影响，直到孩子满18个月大为止。数据显示，铁质强化奶粉虽然可以增高孩子血液中的铁含量，但是这三组孩子的身体和智力发育却没有显著的差异。也就是说，孩子在9个月大之后喝哪种奶粉，不会影响孩子发育。孩子在3～4个月大就会开始吃半固体流质食物，所以不一定要从奶粉中吸收铁质。

婴儿不宜喝哪些饮料

◎ 兴奋剂饮料。如咖啡、可乐等，其中含有咖啡因，对小儿的中枢神经系统有兴奋作用，影响脑的发育。

◎ 酒精饮料。酒精刺激小儿胃黏膜、肠黏膜，可造成损伤，影响正常的消化过程。酒精对肝细胞有损害作用，严重时可有转氨酶增高。

◎ 茶水。茶叶水虽然含有维生素、微量元素等对人体有益的物质，但小儿对其中的茶碱较为敏感，茶碱可使小儿兴奋、心跳加快、尿多、睡眠不安等。茶叶中所含鞣质与食物中蛋白质结合，影响消化和吸收。饮茶后铁元素的吸收下降2～3倍，可致贫血。以色列人有让婴儿喝茶的习惯，其中32.6%的婴儿有贫血症，而不喝茶的婴儿患贫血症只占3.5%。

◎ 汽水。因汽水内含小苏打，中和胃酸，不利于消化。胃酸减少，易患肠道感染。含磷酸盐，影响铁的吸收，亦可成为贫血的原因。

婴儿忌多饮水果汁

有些家长唯恐婴幼儿营养不够，常常给他们喝水果汁代替饮水，补充维生素C。水果汁口感好，营养也不错，适当地给孩子喝一些对身体有好处。但“物极必反”，过多饮用反而有害。

不满2岁的婴幼儿，如果经常大量服用水果汁，可影响食欲，导致营养不良，影响正常生长发育。美国的菲纳·利夫兹博士及其同事对8名14～27个月的婴幼儿进行了研究。研究人员调查了他们的饮食记录后，发现他们每天大约要喝掉1.5～3瓶(标准瓶)的鲜果汁。后来，降低了鲜果汁的服用量并增加了牛奶的饮量，婴幼儿的体重有了明显地增加。

用水果制造出来的果汁中含有丰富的果糖，人体可以吸收利用，但是过量的果糖可影响身体对铜的吸收。铜是人体中参与制造心血管组织所必需的微量元素之一，小儿缺铜将给日后罹患心脏疾病留下隐患。铜还是机体中许多酶类的组成部分，它参与体内铁的代谢，因此缺铜也会造成贫血，且补充铁剂的治疗效果也不好。

此外，果汁中还含有枸橼酸和色素，前者进入人体后与钙离子结合成枸橼酸钙，不易释出，使血钙浓度降低，引起多汗、情绪不稳，甚至骨骼畸形等缺钙症状。色素对小儿的危害也颇大，过量的色素在体内蓄积不仅是小儿多动症的原因之一，而且可以干扰多种酶的功能，使蛋白质、脂肪和糖的代谢发生障碍，从而影响婴幼儿的生长发育。

婴儿半岁前不要喂水果汁，1岁后可适量服用，但每天的量不要超过半奶瓶，尤其是苹果汁，大量服用后可导致腹泻。应给孩子多饮白开水，因为白开水最容易通过细胞膜，对身体干扰小，有利于新陈代谢，保持免疫功能，提高抗病能力。白开水中可适量加些果汁，但切勿过多，更不可以用它代替白开水。

婴幼儿禁食泡泡糖

泡泡糖是以天然树胶或甘油树脂型的食物塑料，在胶体的基础上，同时加入糖粉、淀粉、糖浆、薄荷或留兰香精等，经调和、压制而成，几乎不含营养成分。泡泡糖在口中咀嚼时，其中的糖类及香料被唾液溶解，具有清凉爽口的味道。而它的胶基是一种增水性胶体，不能被唾液所溶解。这种胶基比一般胶姆糖的胶基具有更大的粘着力和柔软性。因此，可以在口中较长时间咀嚼，并可以吹泡。但是婴幼儿绝对禁吃泡泡糖。婴幼儿咀嚼能力差，自制能力也差，在嘴里含着，很容易把胶基咽下去，卡住气管或食管，会给婴幼儿造成痛苦，甚至危及生命。

忌用嚼过的食物喂婴儿

在一些地方通常可以看到，有的家长怕孩子吃食物时嚼不烂，以致于不好被消化吸收，就先在自己的口中进行咀嚼，待食物被嚼烂后，再给孩子吃。而且，给孩子喂食的动作是“口对口”或“手入口”。这是一种极不卫生的做法。

常言道：“吃别人嚼过的馍没有味道。”食物在口中的咀嚼，是消化过程中不可缺少的一环。如果人为地将这一环节省去，将会对小孩的肠胃造成不利的影响。如果小孩还不会咀嚼，可切碎、煮烂用小匙喂着吃，在吃的过程中，食物与唾液充分搅拌后才被送入胃中，这样才符合科学规律，孩子才会感觉到食物的滋味。

大人的口中常常带有某些病菌，口对口地将食物传递给小孩，势必将病菌带入小孩口中，这种后果是不难想象的。因为小孩抵抗力弱，很容易被传染上各种疾病。至于用手将食物送入孩子口中的做法，更是极其错误的。手上所沾染的病菌、病毒等各种传染疾病的脏东西最多，这样喂养孩子简直是在“喂细菌”，是十分可怕的行为。应该坚决杜绝和彻底纠正这种错误的做法。

防偏食应宜从婴儿期开始

儿童断乳以后，已开始形成比较完备的味觉，因此婴儿期和幼儿期的儿童，应注意进食各种味道的食品，使味蕾感知各种味道，并逐渐适应各种味道的刺激。这样，可使儿童的味觉发育相对完善，也是避免其偏食和挑食的有效措施。

一般说来，孩子们都喜欢味道较甜和较香的食品，因为这些食品都能使他们在精神上和情绪上产生良好的感受，而婴儿期较多的添加糖类也是不可忽视的因素。由于婴儿期极少或根本没有接触过苦味和酸味食物，成长至幼儿期极少或根本没有接触过苦味和酸味食物，成长至幼儿期对此类味感极不适应。所以，在他们味觉全部完善以前，即母乳期便有意识地让他们接触酸、苦、香、辣和咸味，既可预防今后出现偏食，又可增加各类营养物质。如，添加放有葱和盐的鱼汤，放有少量胡椒和辣椒的菜汤，如有米醋的汤面，都少量给予。随着其适应和年龄的增长，逐渐加量。在此期间还应注意，添加这种有味食品时，应以某一味道为主，随时更换，切不可两种或两种以上味道并重，更不可较长时期添加某一种有味食物。否则，达不到调整其味觉的效果，反而造成其偏食其味。

偏食糖类可使儿童发胖，患龋齿，甚至产生烤糖性精神烦燥症，偏食盐可导致青年期以后的高血压，而各种偏食均有可能造成儿童营养不良，并对其视觉和听觉以及嗅觉的发展都有重大的影响。所以劝告年轻的父母，婴儿的摄糖量要适当，并适当给予各味食物，使之有良好的味感，能在幼儿期摄取人体生长发育必要的各类营养物质，健康成长。

应防范食物过敏

婴儿食物过敏在出生后几个月时容易发生。轻度的过敏仅仅表现为皮疹，而重度则会引起呕吐、腹泻及绞痛。牛乳是引起过敏的常见原因。牛乳中较多的乳球蛋白是造成婴儿过敏的主要原因。虽然发生率较低，但一旦发生则表现为哮喘、腹痛、便秘、咳嗽、腹泻、湿疹、呕吐等症状。严重时出现过敏性休克。

引起婴儿过敏的其他食物有鸡蛋清、小麦、玉米、巧克力、柠檬类水果、西红柿、草莓及鱼。因为这些食物可以导致幼龄婴儿过敏，因此一般在婴儿出生后最初的几个月避免食用。

容易引起孩子过敏的食物有很多，最常见的是异质蛋白食物如螃蟹、虾，尤其是冷冻的袋装加工虾、鳝鱼及各种鱼类、动物内脏。家长平时对孩子初次品尝的此类食物应慎重，第一次应少吃一些，如果没有不良反应，下次才可以让孩子多吃一些。有的孩子对鸡蛋，尤其是蛋清也会过敏。

有些蔬菜也会引起过敏，如扁豆、毛豆、黄豆等豆类，蘑菇、木耳、竹笋等菌藻类，以及香菜、韭菜、芹菜等香味菜，还有一些水果，如菠萝等。在给孩子食用这些蔬菜时应该多加注意。特别是患湿疹、荨麻疹和哮喘的孩子一般都是过敏体质，在给这些孩子安排饮食时要更为慎重，避免摄入致敏食物，导致疾病复发和加重。

如果发现孩子对某种食物过敏，就应在相当长的时间内避免再给孩子吃这种食物。随着孩子年龄的增长，身体逐渐强健起来，有些孩子可能会自然脱敏，即对某种食物不再起过敏反应。不过如果再次接触该食物时，还是应该慎重，从少量开始，无不良反应后再逐渐增加，以免旧病复发。

现在许多孩子被皮炎、湿疹等过敏性疾病所困扰。这类特应性的皮肤炎症病程比较长，并且常常反复发作，发作起来瘙痒难耐，搔抓不慎极易发生细菌感染，加上现有的治疗方法难如人意，颇令家长们苦恼。过敏性体质除了遗传因素外，食物也能诱发病情发作。肉类、牛奶、禽蛋等动物性食品是其罪魁祸首。以肉食为例，肉食可使人体内的红细胞质量降低、形体变大。这样的红细胞缺乏生命活力，容易破裂。这种低质量红细胞，使得人体对自然的适应能力与同化功能大大削弱，加上牛奶、蛋类的蛋白质分子，容易从肠壁渗入到血液中形成组织胺、5-羟色胺等过敏毒素，刺激人体产生过敏反应，使末梢血管扩张而导致皮肤发炎。

那么，是不是只有从食谱中摒弃动物性食品，才能使过敏性体质的孩子从困境中解脱呢？当然不是，因为动物性食品是保障儿童发育的诸多重要养分的主要来源，完全限制既不可能也无必要。

因此，要减少一些动物性食品摄入，如多吃糙米、蔬菜，就能使孩子的过敏性体质得到改善。这里的奥妙在于糙米、蔬菜供养的红细胞生命力强，又无异体蛋白进入血流，所以能防止特应性皮炎发生。

生活养护篇

SHENG HUO YANG HU PIAN

新生儿的生理特点

新生儿期是指胎儿娩出结扎脐带时开始至生后28天。正常足月新生儿应是妊娠满37～42周娩出，生理特点如下。

◎ 外形特点。出生体重超过2 500克，身长超过47厘米，其皮肤红润，胎毛少，全身皮肤复盖胎脂，头发分条清晰，耳廓软骨发育良好、轮廓清楚。指趾甲长至或超过指趾端，整个足底有较深的足纹交错分开，乳房可摸到结节。男婴睾丸下降、阴囊有较多皱褶。女婴大阴唇完全遮盖小阴唇。

◎ 呼吸系统。真正的自主呼吸是在出生后才开始的。新生儿呼吸主要靠膈肌的升降，呈腹式呼吸，呼吸较浅表、节律不整，但频率较快，每分钟40～44次，以满足体内气体交换的需要。

◎ 循环系统。胎儿出生后，其血液循环发生重大变化：①脐带的结扎；②肺血管阻力降低；③卵圆孔和动脉导管功能性关闭。新生儿心率波动较大，约为每分钟120～140次。血流主要分布于躯干、内脏，而四肢少，所以，四肢发凉、末梢易出现青紫，脾脏相对较大。某些新生儿出生后1～2天心前区可闻及杂音，几天后消失，这可能与动脉导管未闭有关，不一定是先天性心脏病，应定期复查才能明确。

◎ 泌尿系统。新生儿出生时膀胱中已有少许尿液。大多数新生儿出生后6小时即排尿，少数延迟至第二天才排尿，但如生后24小时不排尿，应引起注意。如生后48小时仍不排尿，应查找原因。新生儿出生后最初几天由于摄入水分较少，而新生儿本身所需水分较多，所以，一开始尿量及排尿次数均较少，大约一周后尿量明显增多，满月前每天的尿量可增至250～450毫升。

◎ 消化系统。新生儿消化道面积相对较大，肌层薄，能适应大量流质食物的消化吸收。吸吮及吞咽功能完善，协调良好，并能与呼吸同步进行。新生儿生后10～12小时内开始排出黑绿色胎粪，过3～4天转为过渡性大便，而排出黄色软便。若出生后24小时未排便，应查找有无肛门闭锁。新生儿胃呈横位，贲门括约肌发育不良，而幽门括约肌发育良好，但胃容量小，故新生儿易溢乳。新生儿唾液分泌及淀粉酶较少，但能适应于消化的需要。

◎ 血液系统。新生儿出生时，血液中红细胞及白细胞数较多，红细胞约6.0×10^{12}/升，血红蛋白170～200克/升，白细胞（15.0～20.0）$\times10^{9}$/升，不久逐渐下降。新生儿血容量的多少与脐带结扎的迟早有关，一般情况下为80毫升/千克体重，若推迟5分钟结扎脐带，可使血容量增加到120毫升/千克体重，同时也使红细胞计数及血红蛋白量增加。

◎ 免疫系统。由于免疫球蛋白IgG和丙种球蛋白可通过胎盘而传给胎儿，因此，新生儿对多种传染病有特异性免疫，但这种被动免疫抗体在出生后逐渐减少以至消失。新生儿特异性免疫及非特异诊免疫均不成熟，网状内皮系统的吞噬作用及白细胞对真菌杀灭作用均较差，故易患多种感染性疾病。因此，对新生儿的居室及新生儿的用具要清洁消毒，预防感染的发生。另外，新生儿还可从母乳中获得某些抗体。所以，应提倡母乳喂养。

◎ 代谢系统。新生儿代谢旺盛，其体液总量约占体重的80%，比其他年龄儿童多，按体重计算，最低耗氧量比成人高。初生时产热主要来自糖代谢，但因体内糖储备不足，故生后头几天内机体越来越多地动用脂肪和少量蛋白质产热。由于新生儿肌肉和许多其他组织细胞的数量比年长儿相对较少，故细胞内液的比例较细胞外液相对地少。初生数天内由于丢失较多的水分，因此可发生生理性体重下降。由于肝脏酶系统发育未成熟，使得新生儿代谢某些化学物质有一定程度的困难，而容易发生某些疾病。

◎ 神经系统。新生儿脑体积相对较大，重量占出生时体重的10%～12%。但脑沟、脑回、神经鞘未完全形成，骨骼肌运动终板发育不完善。所以，对下级中枢的抑制能力较弱，易出现不自主或不协调的动作。新生儿出生时已具备完善的觅食、吸吮、吞咽、恶心、呕吐、拥抱、握持等生理反射，温度觉较灵敏，但嗅觉较弱、听觉迟钝。

◎ 体温调节。新生儿中枢神经系统发育尚未成熟，体温调节机制不完善，加之新生儿皮下脂肪较薄，体表面积相对较大，体温易受外界环境的影响而波动较大。因此，炎热季节新生儿的卧室应注意通风，并供给足够的水分，冬天要为新生儿保温，以防冻伤及硬肿症的发生。

新生儿常见的生理改变有哪些

宝宝出生后，由于环境的改变，往往会出现这样或者那样的生理变化，一些父母不了解，常以为孩子生了病。如果知晓了这些变化就不必忧虑了。新生儿常见的生理改变有以下几个方面。

◎ 生理性黄疸。约有50%～70%的宝宝出生2～3天后，皮肤出现轻度发黄，但精神、吃奶都很好，这就是生理性黄疸。这是由于胎儿时期体内的红细胞数量较多，出生后红细胞破坏，产生过量的胆红素，而新生儿肝脏代谢胆红素的能力较低，多余的胆红素在血液内积聚，从而染黄了皮肤和巩膜。这种现象一般会在生后7～10天内自行消退。

◎ 假月经(阴道出血)。新生儿出生5天左右，一些女婴的家长发现宝宝的阴道会排出少量红色和白色的分泌物，这就是假月经。在怀孕期，母体雌激素进入胎儿体内，引起阴道上皮和子宫内膜的增生。等到出生后，母体雌激素的影响突然中断，增生的阴道上皮和子宫内膜就会脱落。于是分泌出白色黏液，即白带。一些女婴的阴道还会流出血性分泌物，这就是假月经。假月经是生理性阴道出血，属于正常现象。发生这种情况后，一般会持续一到两天，父母不必着急，只要保持外阴的清洁卫生就可以，不需要作特殊治疗。

◎ 乳腺肿大。新生儿不论男女在生后的几天内可能会出现乳房肿大，甚至分泌少许乳汁样液体，有些老人习惯于挤压新生儿的乳头，特别是女孩，认为不挤压乳头，以后就不能给后代喂奶，这是没有科学根据的。新生儿乳房肿大的原因是新生儿体内含有从母体中得到雌孕激素、泌乳素等，这些激素刺激了乳房肿大和泌乳，这是正常的生理现象，不用处理，出生2～3周后就会自然消退。挤压乳头易造成感染，侵入的细菌也会引发感染，重者还可引起败血症。

◎ 板牙。有些宝宝的牙龈上，有时会看到一些淡黄色米粒大小的颗粒，俗称为“马牙”，有人习惯将它用粗布擦掉。所谓“马牙”是由上皮细胞堆积而形成的，属于正常生理现象，几个星期后会自行消失。

◎ 螳螂嘴。有些新生儿口腔的两侧颊部都有一个较厚的脂肪垫隆起，老百姓俗称“螳螂嘴”。有人认为“螳螂嘴”妨碍婴儿吃奶，要将它挑掉。其实这样做是不科学的，脂肪垫属于正常的生理现象，不仅不会影响宝宝的吸奶，反而有助于宝宝的吸吮。

◎ 生理性体重下降。宝宝出生后的前几天体重可能没有增加，反而有所下降，这就是生理性体重下降。这是由于宝宝出生后吃奶量还不多，通过排尿、排胎便或出汗等途径使体内水分丢失而造成的，一般7～10天即可恢复正常体重，并开始正常的体重增长。

◎ 新生儿脱发。大多数新生儿在出生后的2～3周内发生显著脱发。这是由于婴儿出生后，大部分头发毛囊在数天内由成长期迅速转为休止期所致，一般经过9～12周后，小儿的毛囊会重新形成毛球，并向成长期活动，重新生长出新发。

如何保持新生儿的正常体温

小儿出生后必须靠自身的体温调节来适应外界环境温度的变化。但是，这段时期新生儿的体温调节中枢的功能还不完善，通过中枢调节体温的功能较差而体温不易稳定。此外，新生儿的皮下脂肪也较薄，体表面积相对也较大(约为成人的3倍)，容易散热过多而发生体温过低。在寒冷的季节里，如不注意保暖，体温可不升，全身冰冷，即引起冻伤，甚至可出现皮下脂肪变硬而发生硬肿症。另一方面，由于新生儿的汗腺发育不全，其排汗、散热的功能较差，肾脏对水和盐的调节功能也较差，如环境温度过高、过分保暖或水分摄入过少，体温可上升很高，甚至可达40℃，高体温可引起抽风，甚至可导致突然死亡。因此，新生儿出生后，应注意保持周围环境空气温度的基本稳定，室温最好控制在16～22℃，衣、被要适当，高温季节要注意水分的摄入(母乳喂养儿可多吃母乳，人工喂养儿则应适当多喝一些水)，以维持新生儿体温的稳定。

需要提醒的是，包裹婴儿时不要给婴儿打“蜡烛包”。因为打“蜡烛包”束缚了婴儿的身体尤其是手和脚，使婴儿在寒冷季节因活动减少、产热减少而很容易导致硬肿症等寒冷损伤。另一方面，又可因“蜡烛包”过紧过厚，在环境温度偏高时，又可因散热不良而致体温过高，甚至导致婴儿突然死亡。

新生儿皮下脂肪少，排汗散热能力弱，身体对外界温度变化的调节能力差，所以，新生儿的体温极不稳定。冬天室内要有取暖装置，如暖气、生炉火、烧热炕等。如果室温不够，小儿手脚冰凉时，可以在新生儿棉被下放热水袋。夏天室内要通风，但要避免直接风吹小儿，也可在地上洒水或放盆冷水吸热。新生儿不要包得太紧，捂得太严。

忌给新生儿包“蜡烛包”

新生儿的自然体位是两上肢与躯干呈“W”形，腹部膨隆，两下肢与臂部呈“M”形，其活动度为120°～140°，这种自然体位适合新生儿的活动和正常生长发育。而我国传统的包裹新生儿方法是“蜡烛包”式，即将新生儿的胳膊和腿伸直，再用布或小被子包裹好，用一条带子捆扎，因其包裹形似蜡烛而得名“蜡烛包”。

“蜡烛包”对新生儿来说是一种束缚，限制了胸部的活动，而影响肺和横隔膜的活动和功能，不仅影响肺的发育，也影响小儿的呼吸，使肺部抵抗力降低，而发生肺部感染的机会增加。同时也会压迫腹部，影响胃和肠道的蠕动，使消化功能降低，而影响食欲，使新生儿经常发生溢奶、吐奶。由于四肢活动受限，更不利于四肢骨骼、肌肉的发育，影响新生儿的动作发育。尤其是有的母亲用一床小的棉垫子，将伸直的两下肢包起来，再结结实实地捆上带子，认为这样可以防止发生“罗圈腿”，其实这样做并不起作用。因“罗圈腿”发生的原因是体内缺乏维生素D和钙。相反地，这样做倒可引起新生儿髋关节脱位，因为将两下肢硬拉直并用力捆绑后，大腿肌肉处于紧张状态，而股骨头易从髋臼中脱出来，并可影响髋臼的发育。另外，包裹太紧容易使婴儿出汗，刺激皮肤，发生汗腺口堵塞、发红，严重时发生皮肤感染。

细心观察新生儿的呼吸

新生儿一般呼吸频率为每分钟40～45次，呼吸稍有不匀，但不伴有皮肤青紫、心律减慢等情况，即为正常呼吸。

呼吸异常是指呼吸窘迫和呼吸暂停而言。呼吸窘迫，即呼吸很费力气，吸气时胸廓软组织及上腹部凹陷，呼气时发出哼哼的呻吟声，呼吸时两侧鼻翼扇动，呼吸快者超过每分钟60次以上，并伴有皮肤青紫。

呼吸暂停是指患儿呼吸停顿20秒钟以上，并有面色青灰，心跳减慢至每分钟30次以下。早产儿发生率较高。

呼吸异常现象一般不出现在正常健康的新生儿，只是在难产、早产儿中较多见，故必须作好产前检查，发现胎位不正及异常情况应即时给予处理，这对预防新生儿呼吸异常是非常重要的。

如果新生儿在安静状态下，呼吸频率每分钟超过60次，那么就可说这孩子是有气急。常见的气急原因有以下几种。

◎ 出生时有羊水吸入，影响了正常的气体交换，新生儿不得不靠代偿性的呼吸来弥补。另一种所谓新生儿湿肺，是指胎儿期肺内的液体在初生时没有完全吸收前出现的暂时性呼吸增快，一般2～3天内即自行消失。

◎ 先天性畸形等都可影响气体交换，导致供氧不足而引起气急。

◎ 呼吸困难综合征，多见于剖宫产的早产儿，多数在生后12小时内出现进行性、阵发性的呼吸困难，肋间和剑突下表现有吸气性凹陷，继之有呼吸暂停和呼吸不规则现象。该病与肺发育不成熟有关，死亡率高。

◎ 新生儿肺炎与大孩子不一样，常常无咳嗽、发热，而主要表现为气急，严重的可有鼻翼扇动、点头样呼吸和口唇青紫等。

学会数新生儿呼吸次数

新生儿肺炎在临床表现上缺乏特异性，但呼吸次数增快是早期的体征，家长也能识别。正常新生儿呼吸次数为40～45次/分，如每分钟呼吸次数大于等于60次/分，即为呼吸增快，这时应再数一次呼吸，如仍大于或等于60次/分，即为呼吸增快。

正常新生儿的呼吸不规则，常常有一阵快速的呼吸阶段，继而有一阵缓慢的呼吸，有时有短暂的呼吸暂停。因此，数呼吸次数时不能数15秒乘以4即为1分钟呼吸次数，这样会使呼吸增快的小儿没能发现，而呼吸正常的小儿被数出呼吸增快。

由世界卫生组织推荐的数呼吸次数来判断是否有肺炎是一种简单有效的方法。小儿在患肺炎时，即使在早期，呼吸次数即出现明显增快，这对早期识别肺炎有很大帮助，而且这种方法家长也易学易会，可帮助对小儿病情的观察。

正确的做法是要数满1分钟。数呼吸时要注意一吸一呼为一次呼吸，有的父母将一吸一呼数为两次呼吸就数错了。由于小儿胸廓上下运动幅度小，以腹式呼吸为主，因此观察呼吸运动时观察腹部运动更明显，数出来的呼吸次数更准确。数呼吸时，要在小儿安静时数，不要在小儿哭闹、吃奶或刚吃奶后数，只有在安静状态下数出来的呼吸次数才能反映真实情况。

除呼吸增快外，小儿患肺炎时还会出现一个重要体征——胸凹陷。当吸气时小儿的胸壁下部明显内陷即为胸凹陷，是小儿肺炎较重时的一种表现，观察小儿有无胸凹陷时也要在小儿安静状态下判断才能确定。

家长学会数呼吸次数，就不会在小儿生病时手足无措，同时也为能早期发现孩子肺炎、早期治疗提供了一个简单、方便、可靠的方法。

囟门是观察宝宝健康的一面镜子

1岁以内的孩子，特别是新生儿，头颅骨还没有发育好，颅骨之间没有完全连接在一起，在两块额骨和两块顶骨之间有一个菱形的空隙，这就是前囟门，又称为前囟，用手摸上去，软软的，没有骨头。

平常的时候，前囟表面与头颅的表面深浅是一致的，或稍微有一定凹陷，摸上去，有时可以感到血管的搏动，这都是正常的。

如果前囟的部位比头颅表面突出来，像个小鼓包似的，用手按一按，感觉很硬，绷得很紧，这说明头颅内压力增高。引起压力增高的原因很多，最常见的原因是感染，如各种脑炎、脑膜炎、颅内出血或脑肿瘤，脑积水有时也可以引起颅内压增高。有时小儿吃鱼肝油过多，造成维生素A中毒也可引起。正常小儿哭时或用力时，颅内压也可以增高，摸前囟门比较硬，不能算作异常。

颅内压力低时前囟门表现为塌陷。引起的原因最常见的是腹泻或频繁的呕吐，身体丢失较大量的水分所造成的。严重营养不良消瘦时囟门也可以表现凹陷。

以上是通过观察孩子的前囟来了解孩子健康状况的一个方面，特别是新生儿，更应注意前囟的观察。正常小儿1岁到1岁半时前囟门闭合。有佝偻病的小孩，前囟闭合时间较晚一些，脑积水的小孩闭合也晚。若闭合太早也要注意，有碍于孩子的智力发育。

前囟这部位虽然重要，但也不是禁区，有的人连摸也不敢摸，给孩子洗澡时也不敢洗，这都没必要，应提倡给孩子洗前囟皮肤，以保持卫生。

新生儿的“异常信号”不一定是病

新生儿身体的变化很多，许多看似异常的现象其实是十分正常的，在这里列出一些供新妈妈参考。

◎ 体重下降。出生后婴儿体重可逐渐下降6％～9％。这是由于婴儿进食和喝水少，肺和皮肤不显性失水及大小便排出所引起的，10天之后即可恢复到出生时的体重。

◎ 头形异常。阴道分娩的新生儿头部一般呈椭圆形，像肿起一个包似的。这是由于分娩过程中胎头在产道内受压引起的。有的婴儿出生后头部出现柔软的肿块，而且逐渐肿大，这是分娩时受压而引起的头皮血肿，只要局部不感染，出生后6～10周可消失。

◎ 尿发红。新生儿一般在出生后24小时内排尿。看到尿布被染成砖红色时不必担心，这是尿中的尿酸盐引起的。

◎ 大便发黑。婴儿的第一次大便叫胎便，出生后24小时内婴儿可排出黏稠的黑绿色的无臭大便。这是由消化道分泌物、咽下的羊水和脱落的上皮细胞组成的，3天之后即可转为正常。

◎ 皮肤异常。有的新生儿皮肤会出现粉红色的斑块。这是由于皮肤柔嫩，受外界刺激而充血引起的，1～2天后可消退。出生后2～3天，多数新生儿的面部，胸背部等处皮肤可出现轻度黄色现象，叫生理性黄疸，不必惊慌，一般1～2周消失。

新生儿正常的行为发育是怎样的

由完全依赖于母体的胎儿变为依靠哺乳为生的新生儿，其生活环境有了巨大的变化。过去人们认为这时期的小儿是没有行为活动力的，然而经过科学的研究和观察发现，新生儿有着惊人的能力，这些能力能够在平时的生活环境中经常显现出来。一般将新生儿的行为活动按照觉醒和睡眠的不同程度可分为下述6种状态。

◎ 安静觉醒状态。新生儿刚生下来就有一段安静觉醒时间，平均约40分钟。在这段时间里，他们会注视父母的脸，专心听父母说话，他们的眼睛睁得很大，明亮发光，很安静又很机敏，喜欢看东西，特别是圆形、色彩鲜艳的东西如红球、有鲜明对比条纹的图片。还喜欢看人脸，更喜欢看戴眼镜人的脸。当人脸或红球慢慢移动时，甚至他们的目光会追随着。不过，所出示的物体或人的脸当距离新生儿眼睛20厘米左右，太近或太远都不能使他看清楚。他们还会听声音，特别是音调高的声音(难怪新生儿喜欢听母亲的声音)。当父母在他耳边轻轻呼叫，他会转过脸来看新妈妈。新生儿这一状态所占据时间很短，大约占1整天时间的10％。

◎ 活动觉醒状态。当新生儿吃奶前或烦躁时，活动增加，眼和脸部的活动也多了，好像在环视周围环境，并发出一些简短的声音。有时运动很剧烈，甚至出现自发的惊跳。有时活动呈阵发性，伴有特殊的韵律。新生儿的手臂、腿、全身和脸部每1～2分钟出现一次有节律的活动。这些活动表明新生儿在向父母传递信息，表示自己的需要。例如，新生儿在饥饿时显得烦躁多动甚至哭叫，聪明的妈妈会立刻给小儿喂奶。当新生儿一吃到奶后便立刻安静下来。如果妈妈不理会小儿的需求，则新生儿表现为活动增强或惊跳。

◎ 哭的状态。新生儿哭时四肢有力地活动，眼可张开或紧闭，脸有时变得很红，这是一种交流方式。哭声表示新生儿的意愿，希望父母能满足自己的要求，如饿了、尿布湿了、身体不适、要大人陪伴或抱等，仔细的父母一般经过2周左右与新生儿的相处，学会了理解小儿哭的原因，并给以适当的处理。

◎ 瞌睡状态。常发生在刚醒后或入睡前，眼睛半睁半闭，眼睑出现闪动，目光变得呆滞，神情淡漠，反应迟钝，对外界的声音、图像等刺激无动于衷，常伴有轻度惊跳，这是觉醒和睡眠之间的过渡阶段，持续时间较短。

◎ 安静睡眠状态。新生儿在这一状态中脸部放松，眼睛闭着，全身除偶然的惊跳和极轻微的嘴动外没有自然的活动，呼吸均匀，这表明小儿处在完全休息状态。

◎ 活动睡眠状态。此时新生儿眼睛通常是闭合的，但偶然短暂地睁开一下，常可见眼球在眼睑下快速运动，这时呼吸不规则，比安静睡眠时稍快。手臂、腿和整个身体偶然有些活动，有时小脸还会做出怪相、微笑和皱眉，有时出现吸吮动作，新生儿通常在睡觉醒来之前处于这一状态。

多多观察新生儿的微小变化

新生儿不是大孩子的缩影。新生儿的特殊生理特点如不加以重视，有时能造成严重的后果。因此，新生儿患病应按急诊对待。

◎ 哭声。新生儿离开母体到人间，与大人感情交流的唯一方式就是哭。正常新生儿哭声是响亮、有力、带有节奏的呱呱声。如解除一些不适，哭声应即停止。如果继续不停地哭，且声调异常，如尖声直调，则应考虑可能有颅内出血或脑膜炎。如哭声低弱或少哭不哭，多应想到是否有重病或有畸形等。

◎ 前囟门。也叫大囟门，到1岁左右闭合。新生儿时期的大囟门是观察颅内压力与疾病的窗户。正常的前囟门为2×2平方厘米，摸时是平的或略凹，无扩张感。倘若安静时，发现前囟门凸起、饱满、有紧张感，或凹得很深，均属于不正常现象，务必及时就诊。

◎ 皮肤。正常新生儿皮肤红润、细腻，似有绒毛感。新生儿皮肤抵抗外界细菌、毒素侵入的屏障功能很差，故擦洗抚摸动作宜轻柔，应洗净手再接触。因为新生儿皮肤表面似良好的培养基，任何致病或不致病的细菌附着都可能很快地得到滋养而繁殖。尤其是腋下、臀沟、骶尾骨部更盛。夏季，新生儿皮肤的破损、小脓点或痱子感染应引起重视，否则易导致败血症、脓毒血症、皮下坏疽等不良后果。

◎ 大便。正常新生儿一天可排便3～4次。母乳喂养的新生儿，其大便次数可多1～2次，为金黄色，略稀。牛奶喂养儿的大便为淡黄色，水分少，状稠，有时为软条状。由于新生儿胃肠蠕动较明显，往往每次奶后有大便。大便若呈稀水蛋花样或黏液脓性、血性，便时呈喷射状，伴腹胀，则应急诊就医。

◎ 口腔。新生儿口腔黏膜极易受损，而其口腔卫生又不易为父母所重视，因此易患鹅口疮。此病多是由于口腔卫生不好或小儿抵抗力减低，长期用抗生素导致白色念珠菌感染所引起的。喂奶前乳头应擦洗干净，橡胶奶嘴每次在水中煮沸消毒15分钟。喂奶后应以棉签蘸温开水或1%苏打水轻轻涂擦口腔黏膜。患鹅口疮应以1%甲紫药水涂抹口腔，2～3天可愈。有的小儿上腭正中有小白点为上皮珠，或牙龈上有小牙，这是新生儿特有的，切勿剪挤，不需处理。

◎ 脐带。新生儿脐带一般在3～7天脱落。脱落前这里是机体对外开放的“门户”，任何细菌都可沿此进入体内引起感染。因此，脐带要保持清洁，未脱落前应避免水洗。常用0.75%碘酊擦脐部，可减少污染的机会。一旦发现脐周围皮肤发红，有臭味、流水、流脓或脐痂迟迟不脱落，就需要去看医师。

◎ 吃奶。早产儿吸吮、吞咽功能差。人工喂养的孩子，奶嘴质硬、孔洞过小造成宝宝吸吮费力疲劳。妈妈乳头过小、过大、扁平或没有帮助孩子张口，没把乳头全部伸入宝宝口内，都可影响宝宝吃奶。口腔糜烂、鹅口疮、呼吸道感染、鼻塞，也是造成宝宝拒奶的原因。

◎ 呼吸。鼻塞、呛咳伴有发烧，可能为上呼吸道感染，吐泡沫、口周发紫。呼吸表浅。鼻翼煽动，表示婴儿呼吸困难，可能为支气管炎、新生儿肺炎等。

◎ 惊厥。新生儿抽搐多不典型。正常新生儿由睡眠转为清醒时，可有突然惊跳样动作。

饥饿时可有激动和震颤样运动，不能认为是惊厥。但是，如果肢体出现阵挛性和强直性抽搐，阵发性咀嚼、眨眼、眼白上翻，面色苍白或青紫，应认为是小儿抽搐，要引起重视。

◎ 体温。发热或体温过低。新生儿体温调节中枢不完善，常受环境影响。体温高于37.5℃为发热，常见于室温过高、衣被过厚，出汗过多而饮水不足，也可能为疾病所致。体温低于35℃为体温过低，可见于早产儿、室温低而保暖不好、饥饿、营养不良等。

如何给宝宝挑选合适的内衣

婴儿内衣的挑选宜注重舒服，应注意面料、做工、保暖、方便、花色等因素。

◎ 面料。婴儿皮肤非常的娇嫩，体温调节的功能并不完善，而且由于宝宝爱动，经常出汗，皮脂腺分泌也比较多，衣物面料是直接接触宝宝皮肤的，如果选择不好，有害物质容易通过娇嫩的皮肤侵袭宝宝，增加宝宝感染的机会。所以在面料的选择上，应该选择天然的纯棉织品，纯棉织品的吸湿、透气、保湿、保暖和卫生性都比较好，并且不会刺激宝宝皮肤发生过敏或引起瘙痒。

◎ 做工。因宝宝皮肤最外层的角质层很薄，即使不大的刺激也容易使皮肤变红，甚至损伤，因此质地是否柔软应是妈妈首要考虑的因素。妈妈在选择时，先用手背抚摸一下是否柔软，然后翻看里边的缝边是否因粗糙而发硬，尤其要注意腋下和领口处；如果能给新生的宝宝买到缝边朝外的内衣则对他们非常合适。

◎ 保暖。宝宝体表面积相对较大，皮肤表层易于散热的血管多，而防止体内热量散发的脂肪层较薄，因而容易体温低。所以，不能忽视内衣的保暖性，尤其是在气温较低时出生的宝宝，需要穿上双层有伸缩性的全棉织品，外面再套上薄绒衣等。

◎ 方便。宝宝头较大而脖子较短，新生的宝宝更是脖子软绵绵的很不方便衣服的穿脱。因此内衣款式不仅宜简洁，而且要方便穿脱。传统式前开襟、无领、腰边系带子的和尚服就很适合宝宝，而且它还能在胸腹处重叠，这种设计会避免宝宝腹部受凉而引起腹泻。

◎ 花色。内衣色泽宜浅淡，无花纹或仅有稀疏小花图案，以便及早发现异常情况，而且还可避免有色染料对宝宝皮肤的刺激。在此提醒一下，如果内衣颜色非常白，其中可能含有荧光增白剂等化学物质，最好不要选购。100%纯棉内衣的颜色白中透着淡黄，色泽看起来自然而柔和。为了确保安全和卫生，内衣在临穿时，均应先下水清洗一次。

◎ 忌选用化纤衣料。婴儿皮肤娇嫩，抵抗力低，化纤织物对皮肤有刺激作用，尤其对婴儿的皮肤刺激性更大，容易引起皮炎、瘙痒等症。应该选用吸水、通气性能好，质地柔软，对小儿皮肤无刺激，穿着舒适的棉织品。在颜色上要选用白色、浅色为宜，尤其是夏季，因为颜色深的布料对小儿皮肤有刺激性，也易吸收阳光而产生闷热感。

◎ 忌衣服款式过窄过紧。婴儿正处在生长旺盛阶段，身体增高增胖很快。因此，衣服不宜太瘦，以免影响生长发育和四肢活动。婴儿的衣服以宽松、不妨碍活动，对身体局部不产生压迫感，穿脱方便为宜。

◎ 忌内衣含有坚硬东西。婴儿的内衣不宜有坚硬东西，如钮扣、拉链、扣环及其他饰物，以防刺伤和压迫局部皮肤或发生意外。可用柔软的布带代替钮扣。背带裤对6个月以上的小儿是一种很好的式样，穿着舒服。另外宜选用宽式松紧带做裤带较好。

◎ 婴儿衣服忌过厚。婴儿衣服过厚，会使婴儿的体温升高，引起小儿燥热不适和哭闹。夏天可穿背心、背带短裤，天冷可穿开裆连脚裤。如不穿连脚裤，可给小儿穿鞋袜，棉衣不可太厚。应随着气温变化增减衣服。

新生儿的衣服忌质硬、忌色深、忌复杂

新生儿的皮肤呈玫瑰色，毛细血管丰富，角化层薄，表面细嫩，汗腺发育不良，且新生儿排尿次数多，生长发育快，因此，新生儿的衣物应以质地柔软，通透性能好，吸水性强的棉织品布料为最佳。衣服要宽大，使四肢活动不受限制，设计要简单，不戴纽

扣，穿脱方便，最好选用无领无扣的“和尚衣”。带子打结在胸前，避免皮肤受压，摩擦。衣服的颜色宜浅不宜深，深色染料褪色会刺激皮肤。

新生儿衣服的接缝处及衣服的下摆应是毛边，衣缝应朝外。内衣至少要备3件以上，便于洗换。夏季穿1件内衣即可，天冷时需加外衣，外衣可选用加厚棉毛衫或者棉绒衫。不要给新生儿穿毛线衫，因毛线衫上的毛可刺激皮肤，使新生儿感到不舒服。冬天可穿无领斜襟棉袄。

新生儿衣物忌放樟脑丸

樟脑丸是用来防蛀虫，其主要成分是萘酚，具有强烈的挥发性。当孩子穿上放置过樟脑丸的衣服后，萘酚通过皮肤进入血液。如果孩子血液中红细胞内缺乏葡萄糖-6-磷酸脱氢酶或者此酶活性不足，均会使红细胞膜发生改变，红细胞完整性受影响，红细胞破坏而导致急性溶血。表现为进行性贫血，严重的黄疸，尿呈浓茶样，严重者可发展为心力衰竭，有生命危险。因此，新生儿新衣服做好后，可放在干燥的衣柜中，使用时在阳光下晒一晒即可穿用，存放衣服不要放樟脑丸。

科学养护经

如何防止新生儿发生意外

● 卧床喂奶时母亲睡着了，乳房压住了含着乳头的新生儿的口鼻，闷住了呼吸，最后缺氧死亡。故卧床喂奶，母亲不应睡着。

● 喂奶后新生儿吐奶，呕吐物吸入气管，可引起咳呛及新生儿吸入性肺炎，重者可窒息死亡。所以，新生儿头部应侧睡，并应在奶后抱起轻轻拍背，使其吐出吸入的空气，可减少呕吐。

● 保暖使用的热水袋。由于疏忽瓶盖未拧掉，热水流出烫伤皮肤，或由于热水袋太烫、太近而烫伤。所以，暖水器中的水温应小于60℃，应在暖水器外包布。

● 新生儿跌伤。由于未抱牢、包被松开未抓牢、洗澡时肥皂手很滑未抱牢等原因均可引起小儿跌伤，应引起重视。

● 灯照烫伤。为了使红臀较快恢复，有时采用大电灯泡或红外线灯照臀部。若灯光太热，照射距离过近，照射停留时间过长，均易引起局部充血、起泡，严重者脱皮，坏死。故照射时要守候在旁，照光不要太近，并要不时地移动光圈，在照射中常用手试照，以免过热。

新生儿不宜戴手套

许多父母看到孩子的小手在无目的地抓摸，很担心他们会把脸抓伤，另外，也有些父母不敢为新生儿修剪指甲，于是就给孩子戴上一双手套。

戴手套可能对新生儿造成多种伤害。戴手套看上去好像可以保护新生婴儿的皮肤，但从婴儿发育的角度看，这种做法直接束缚了孩子的双手，使手指活动受到限制，不利于触觉发育。毛巾手套或用其他棉织品做的手套，如里面的线头脱落，很容易缠住孩子的手指，影响手指局部血液循环，如果发现不及时，有可能引起新生儿手指坏死而造成严重后果。

为避免新生儿指甲常常把脸抓伤，父母可以趁他熟睡时小心仔细地修剪。剪指甲时一定要抓住新生儿的小手，避免孩子因晃动手指而被剪刀碰伤，但指甲不要剪得过短，以免损伤甲床。另外，从新生儿手指发育和安全的角度考虑，父母也不宜给新生儿戴手套。

正确抱新生儿的几种方法

经常抱抱新生儿会增加父母与孩子之间的情感交流，也会使宝宝的体形更健美。许多人认为这样会使他养成不抱就哭的坏毛病，其实不然，新生儿啼哭大多是由于饥饿、不舒服等原因造成的，是一种正常的反应。这里教新妈妈几种抱新生儿的方法。

◎ 第一种抱法是将宝宝的头部直接托起，放入肘窝处，一只手掌托住宝宝的外侧小屁股，另一只手掌托起内侧小屁股，将宝宝抱起即可，这种方法妈妈最为常用。

◎ 第二种抱法是妈妈用一只手掌托住宝宝的头部，另一只手掌托起宝宝的小腿部。将宝宝的小屁股放于妈妈的双腿上，使他与妈妈面对面，上部身体与妈妈的腿部成一定角度，但不要太直立。

◎ 第三种抱法常用于洗头时。用一手掌托起宝宝的头部，另一只手掌托起宝宝的双腿。将宝宝夹在妈妈的腋下，托住头部的这只手的肘部，可夹住宝宝的小屁股（借助髋关节的力量），另一只手为宝宝洗头或做其他护理。

哄宝宝睡觉，或宝宝情绪不安定时，宜横抱在怀里。这种抱姿使宝宝的头贴近妈妈左胸口，能够听见妈妈的心跳声，使宝宝产生亲切感，从而安定情绪。给宝宝喂奶后宜竖着抱，这样可拍出进入胃内的空气。多抱宝宝进行肌肤接触增进感情固然好，但须注意不宜时间过久，否则会让宝宝疲劳而又紧张。

勤剪指甲好处多

一个发育成熟的新生儿在出生后指甲长出手指末端，而且指甲长得也快，新生儿的手脚会经常不受控制地乱舞乱抓，不小心会抓破面部或其他部位的皮肤。尤其是新生儿患有湿疹发痒时，更容易被抓破，因此，需要经常给新生儿剪指甲。

但是，有的家长不敢也不会给新生儿剪指甲，就将两只小手包起来或戴上手套或缝一个小口袋将整个小手包起来或用小丝袜将手套起来，这种做法是不可取的。因此，防止新生儿抓破皮肤最根本、有效的方法是经常给新生儿剪指甲，再说指甲长了在里面很容易藏进一些污垢，也很不卫生。

应根据新生儿指甲的长短、长的快慢来决定剪指甲的次数，一般每周1～2次。剪指甲的时间最好是在新生儿入睡后进行，这样可不伤及手指，用指甲钳比用剪刀要安全一些。剪指甲时应按新生儿的指甲或手指的形状来剪，也不要剪得太短，和手指端平齐就可以了。剪完后尽量将指甲边缘磨平滑，以避免宝宝划伤自己的皮肤。

科学养护经

剪指甲的注意事项

● 要选择刀刃快、刀面薄、质量好的指甲剪给婴幼儿剪指甲，不要用一般剪刀，以免剪伤婴幼儿的手指尖。

● 根据婴幼儿指甲生长的快慢，一般一周剪一次即可，若发现指甲有劈裂，就要随时修剪。脚上的指甲较硬较厚，洗澡或洗脚后自然变软，那时就好剪了。

● 婴幼儿只要是醒着，就爱手脚乱动，如在婴幼儿熟睡后修剪，就安全多了。大一点的孩子，可以一面给他们讲故事，一面给他们剪指甲。

● 给婴幼儿剪指甲，动作要轻快，一次不要剪得太多太狠，以免产生疼痛。要剪得圆滑些，防止剪成带棱角的。剪完后家长要用自己的手抚摸一下，看看指甲断面是否光滑，如果不光滑，可用指甲剪上的小锉锉光滑。

● 如果不慎万一误伤了小儿手指，在尽快用消毒纱布或棉球压迫伤口直到流血停止为止，再涂一些抗生素软膏。

宝宝穿袜子的重要性

宝宝的体温调节功能尚未发育成熟，产热能力较小，而散热能力较大，加上体表面积相对较大，更容易散热。当环境温度略低时，宝宝的末梢循环就不好，摸宝宝的小脚凉凉的，如果给孩子穿上袜子，可以起一定的保暖作用，避免着凉，孩子也觉得舒服。

随着宝宝月龄的增长，宝宝的能力也长了不少，特别是下肢活动增加很多。当宝宝高兴的时候，就会手舞足蹈的，不高兴哭闹的时候，也常是乱踢乱蹬，可以说只要不是睡觉时间，宝宝总是不停地活动。这样损伤皮肤、脚趾的机会也就增多了，有的小儿甚至磨破了足跟部位的皮肤，穿上袜子就可以减少这些损伤的发生。

宝宝皮肤接触外界环境的机会也越来越多，一些脏东西如尘土等有害物质，就可通过小儿娇嫩的皮肤侵袭身体，增加感染的机会，穿上袜子就可起到清洁卫生的作用，还可防止蚊虫的叮咬。

总而言之，宝宝穿袜子对身体健康有益，那些认为孩子小，不用穿袜子的做法是不对的，应该纠正。给宝宝选择袜子一定要选择透气性能好、柔软的棉袜。袜子大小要合适，过紧会影响小儿脚的正常发育，过于松大，也不舒适、不方便。同时，袜子要经常洗换。

忌给刚出生的婴儿枕枕头

人们习惯认为，睡觉就必须枕枕头，于是给刚刚出生的婴儿也枕一个小枕头，从生理学角度来看，新生儿是不需要枕头的。因为成人的脊柱是呈“S”形的，平躺在床上，如果没有枕头，头就朝后仰，因此，必须垫一个合适的枕头，使头、颈得到很好的休息。但是新生儿就不同了，新生儿的脊柱为直的，头部较大，平睡时后脑勺与脊背成一条直线；侧卧时，与肩部相平。如果硬给小儿头下塞个枕头，宝宝的脖子就会受委屈。但为了防止新生儿吐奶，可把上半身略垫高1厘米。

一般说来，当小儿长到3～4个月时，睡觉时可枕1厘米高的枕头，长到7～8个月开始会坐时，婴儿开始向后弯曲，肩也发育增宽，这时睡觉时可枕3厘米左右的枕头。枕头过高过低都不利于婴儿睡眠。常枕高枕头婴儿容易形成驼背。枕头芯最好用荞麦皮、谷秕子做成，不要过硬，如果能用绿豆衣、泡过水后晒干的茶叶和中药草决明装填枕芯，不仅软硬适宜，而且夏天可起到防暑降温的作用。夏天不宜使用木棉枕、泡泡胶制的枕芯，因其通风性能差、散热不好。

新生儿固定睡姿影响健康

新生儿的睡姿主要是由照顾者决定的，同时，新生儿整天生活在床上，即使醒着也存在睡姿问题，因为睡姿直接影响其生长发育和身体健康，新生儿的睡姿不应固定不变，应经常变换体位，更换睡眠姿势。新生儿初生时保持着胎内姿势，四肢仍屈曲，为使在分娩时经产道咽进的水和黏液流出，生后24小时以内要采取低侧卧位。侧卧位睡眠对重要器官无过分地压迫，又利于肌肉放松，万一婴儿溢乳也不致于呛入气管，是一种应该提倡的小儿睡眠姿势。但是新生儿的头颅骨缝还未完全闭合，如果始终或经常地向一个方向睡，可能会引起头颅变形。比如长期仰卧会使孩子头型扁平，长期侧卧会使孩子头型歪偏，这都影响外观仪表。正确的做法是经常为宝宝翻身，变换体位，更换睡眠姿势。吃奶后不要仰卧，要侧卧，以减少吐奶。侧卧时要当心，不要把小儿耳廓压向前方，否则耳廓经常受折叠也易变形。

科学养护经

新生儿宜采取的睡姿

睡姿影响呼吸，且新生儿头颅比较软，良好的睡姿有利于头颅的发育。最好的睡姿是仰卧或侧卧，以避免压迫胸肺部，建议在喂养后多采取侧睡，以免溢奶或呛咳造成窒息。在采取仰卧位时，应当经常变换体位。足月儿因活动力较强，出生头几天可以适当采取俯卧，以利呼吸道分泌物流出，防止呕吐物倒流入气管，但俯卧必须拿去枕头，头侧向一面，此时要有家长在一旁监护。

忌抱着新生儿睡觉

孩子的降生给家庭带来了许多欢乐，父母亲总是爱不释手，只要孩子哭就抱在怀里哄，尤其在晚上，常常抱着孩子睡熟后才把他放在床上，时间长了，就容易使孩子养成了不抱不睡的习惯。

经常抱着孩子睡觉其弊大于利。如果经常抱着孩子睡觉，孩子睡得不深，醒后常常不精神，影响睡眠的质量；抱着孩子睡觉，孩子的身体不舒张，身体各个部位的活动，尤其是四肢的活动受到限制而不灵活、不自由，全身肌肉得不到休息；抱着睡觉也不利于孩子呼出二氧化碳和吸进新鲜空气，影响孩子的新陈代谢；还不利于孩子养成独立生活的习惯。

另外，产后母亲的身体恢复也需要一段时间，由于分娩使体力大量消耗，身体抵抗力低下，如果经常抱着新生儿睡觉，母亲得不到充分的睡眠和休息。这样一来，不仅影响体力和生殖器官的恢复，而且也容易使母亲患上某些疾病。

新生儿初到人间，身体肌肤需要父母的爱抚，躺在父母的怀中会感到温暖安定，这是孩子的正常心理需求，父母应尽量满足孩子的心理需求，这也是培养亲子关系的好方式。新生儿也需要培养良好的睡眠习惯，让孩子独自躺在舒适的床上睡觉，不仅睡得甜香，也有利于心肺、骨骼的发育和增强抵抗力。

新生儿保暖有讲究

现在，由于大多数夫妇只生一个孩子，且初做父母时都没什么育儿经验，因此当把孩子接回家后，他们往往特别注意为娇嫩的新生儿保暖。这虽然是必要的，但即便天气暖和、室温适宜，他们也经常要把孩子里三层外三层地包裹起来，而且紧闭门窗。这样的过度保暖被不少家长认为是必需的，但事实是否如此呢？

新生儿保暖过度，往往会出现体温升高、大汗淋漓等现象，甚至有时会危及到小生命。为什么过度保暖反而危害孩子的健康呢？这是由新生儿的特殊生理特点决定的。

人的体温调节中枢有一个类似于空调的温度调定点，通过机体的散热和产热来保持体温恒定，环境温度高时，人体通过出汗、皮肤表面血管扩张等方式把热量散发出去；环境温度低时，表皮血管收缩，寒冷时还会有肌肉剧烈收缩(打寒战)使产热增加而热量散发减少，所以人一般不会因环境温度变化而发生体温波动。新生儿的体温调节中枢发育尚不完善，皮下脂肪层较薄，对外界温度变化比较敏感，既可能因过冷造成体温过低，也可能因环境温度太高而引起体温升高。过度保暖使环境温度升高，新生儿会发生高热(体温可达40℃)，大量出汗使身体内液体大量丢失，会出现脱水、酸中毒、缺氧、脑水肿等一系列表现。如果过热的环境没有得到改善，新生儿的病情会进一步恶化，可发生脑瘫、智力障碍、癫痫或死亡。

可见，新生儿保暖不宜过度，否则危害极大。家长应根据室温、孩子的状态等判断保暖是否恰当。原则上以新生儿面色正常、四肢温热且全身无汗为宜；如果新生儿有汗、体温超过37.5℃(无疾病时)且有不安、烦躁等异常，表示保暖过度，应减少衣被或松开包裹；新生儿手脚发冷、体温在36℃以下时表示保暖不足，应适当增加室温，加衣被或采取其他取暖措施。

最佳的新生儿房间温度

胎儿在母腹中被温暖的羊水包围着，过着“四季如春”的舒适安宁生活。当他初到人世间时，第一个感觉就是寒冷。由于新生儿体温调节中枢发育不完全，体温调节功能差，故过冷或过热都会使新生儿的生理状态发生紊乱，带来不良后果。

由于新生儿体表面积相对较大，皮下脂肪层又易散热，故当天气冷或室内温度过低时，新生儿的体温就会随之下降，当新生儿体温降到一定程度时，就会引起新生儿硬肿症。新生儿硬肿症以早产儿为多，这类患儿体温多在31～35℃，皮肤变硬，不能吮乳，后果严重。另外，新生儿的汗腺发育不全，排汗、散热机能差，如果环境温度过高，小儿又会发热出现脱水等现象。

由此可知，新生儿为娇嫩之体，环境温度高不得又低不得，只有环境温度相对恒定，才能保证新生儿的体温稳定。一般说来，夏天的室内气温维持在23～25℃左右，冬天维持在20℃以上比较合适，湿度以55%～65%左右为好。

科学养护经

严冬宜注意孩子保暖

成人最合适的环境温度为25～28℃，在这个温度中热量的消耗处于最低水平，称为中性温度。一个出生24小时的足月新生儿，裸放在暖箱中，所需要的最合适温度为31～34℃；早产或低体重儿对温度要求还要高一些，为33～35℃。一般家庭将新生儿穿暖，包裹好，室内最合适的温度应不低于25℃，早产及未成熟儿还要稍高一些。无论哪种取暖方式，都应确保新生儿24小时的室温。

开灯睡觉影响孩子健康

许多刚做父母的年轻人，夜里为便于给孩子喂奶、换尿布，总爱在卧室通宵开着灯，这样做对孩子的健康成长是不利的。

昼夜不分地经常处于明亮光照环境中的新生儿，往往出现睡眠和喂养方面的问题。研究人员将40名新生儿分成两组，分别分在夜间熄灯和不熄灯的婴儿室里进行观察，时间均为10天。结果前者睡眠时间较长，喂奶所需时间较短，体重增加较快。

研究表明，新生儿体内的自发的内源性昼夜变化节律会受光照、噪音等物理因素的影响。在这种情况下，昼夜有别的环境对他们的生长发育较为有利。

一般认为，除太阳光外的任何人工光源，都会产生一种微妙的光压力。这种光压力的长期存在，会使孩子表现得躁动不安，情绪不宁，以致难以入睡。让孩子久在灯光下睡眠，还会使其昼明夜暗的自然规律受到干扰，进而影响大脑的网状激活系统，致使他们的睡眠时间缩短、睡眠深度变浅而易于惊醒。长此以往，还可妨碍中枢神经系统的保护性抑制，从而导致婴儿智力和语言功能的发育障碍。

除此以外，孩子长时间地在灯光下睡觉，光线对眼睛的刺激会持续不断，眼睛和睫状肌便不能得到充分的休息，极易造成婴儿视网膜的损害，影响其视力的正常发育。因此，孩子在晚间睡觉的时候，家长务必将室内的灯关掉。

洗澡有利于促进新生儿生长发育

不给新生儿洗澡的习惯在一些地方仍然存在，原因是认为给新生儿洗澡会使宝宝着凉受风、得病，这种认识是不正确的。

新生儿皮肤娇嫩，角质层薄，皮下毛细血管丰富，防御机能差，加上新生儿出生后，全身皮肤覆盖有一层胎脂，易分解为低级脂肪酸刺激皮肤而发生糜烂，另外新生儿皮肤易受汗液、大小便、灰尘、奶汁的刺激而发生炎症等。一旦皮肤破损，细菌便乘虚而入，导致全身感染而危及生命。因此，清洁皮肤是新生儿护理不可忽视的一件事，而清洁皮肤的最好办法是洗澡。

经常洗澡不仅能保持新生儿的皮肤清洁，而且可促进身体血液循环，增进食欲，有益睡眠及促进新生儿的生长发育。洗澡是除母乳喂养之外，又一次增强母子亲情的好机会，更重要的是趁洗澡时，可以全面观察小宝宝全身情况，有利于及早发现问题并进行处理。

一般新生儿生后1～2天就可以洗澡。新生儿洗澡最好安排在吃奶以前，婴儿吃完奶后容易睡觉，即使不睡，也因喂奶后小儿胃肠活动增加易吐奶，感到不适。

有的年轻父母不知道怎样给婴儿洗澡，把婴儿放在水盆里，想洗哪就洗哪儿，这是很不科学的，也是不合乎卫生要求的，不利于婴儿的健康。洗澡时，以左手托住儿头，拇指及食指将小儿两耳向前按住，使之紧贴于耳前脸上，以防止洗澡水流入耳内(或用棉花塞住耳孔)，大人左臂挟住儿身，让婴儿面向上，先用小毛巾洗头、颈、腋窝、胸部、两臂和手，然后将小儿翻过来，使小儿俯卧在左手臂上，头顶贴在大人的左胸前，用左手托住婴儿的右大腿，开始洗身体下部，从会阴向后洗腹股沟和臀部，最后洗下肢和脚。也可将婴儿洗浴垫放在盆内，再把婴儿放在洗浴垫上，按以上顺序洗澡。给新生儿洗完澡后，把宝宝放在准备好的浴巾上，再逐步拭干全身。擦干后在腋窝、腹股沟、颈部等皮肤皱褶处涂痱子粉或爽身粉。脐带未脱落前要注意不要将脐带没在水中，洗完后脐区应用75％酒精擦拭消毒。处理完后给孩子换上干净尿布和衣服，包裹好。洗澡的动作要快，整个过程在5～10分钟内完成，以防小儿暴露时间过长而受凉。

新生儿洗澡的要领

洗澡不但使小儿皮肤清洁卫生，光滑滋润，能预防脓疱疮和感冒，夏天还有降暑作用。新生儿从出生第2天起即可开始洗澡，但需注意下列要领。

◎ 时间：选择喂奶前，可以避免因挪动婴儿体位而引起溢乳。

◎ 室温：以22～26℃为宜，夏季避免直接吹风，冬季警惕煤气中毒。

◎ 水温：37℃左右(用肘部试测水温，以不冷不热即可)。

◎ 次数：每日1次，夏天可增加1～2次。

◎ 物品：脸盆2个，毛巾2块，婴儿肥皂或香皂1块(不用带有刺激性肥皂)，干净衣服1套，消毒棉花1块。

◎ 步骤：抱起婴儿，仰卧，托住儿头，将双耳轮压向前，堵住外耳道，防止水流入耳中引起感染，或水流入口、鼻而引起呛水，眼部用消毒药棉蘸水后轻抹；分段洗浴头、颈、胸、臀等，特别是腋窝、双腿两侧等皱褶处，洗净，擦干。脐带未脱落前不要将婴儿浸泡于脸盆中，以免弄湿脐带。全部动作应在5～10分钟内完成。

新生儿嘴唇起白皮忌揭去或用力擦

新生儿出生2～5天之后，嘴唇上往往起白色薄皮，有的父母常常用手去揭或用力擦，这种做法是不对的，往往会导致出血或感染。新生儿嘴唇出现白色薄皮时，可用液状石蜡或熟花生油涂在嘴唇上，每次吃完奶后涂搽1次，待其自然脱落。还可用消毒纱布在温开水内浸湿后覆盖在嘴唇上，待1小时后揭开纱布，用消毒的小毛巾轻轻擦拭。千万不要硬揭，以免出血或感染，给新生儿带来不必要的痛苦。

如何清除婴儿头皮上的厚痂

有些婴儿头顶囟门的地方有一层很厚的褐色硬痂，这是由于出生时头皮上过厚的胎脂未洗净，加上出生后头皮每天分泌的皮脂，以及泥土灰尘等混在一起，又不及时清洗，一天一天堆积加厚，颜色也逐渐加深而成的。这层厚痂紧贴在头皮上，影响局部头皮的正常功能，不利于头发的生长，而且很不卫生，又不美观。处理这层厚痂时，不要硬剥，以免损伤皮肤，引起细菌感染。只能用花生油或麻油、甘油、液状石蜡等浸泡，等干痂皮松软后，再用肥皂、温水洗净，一次洗不干净，可反复多次，直到洗净为止。

新生儿脐带的护理

脐带剪断结扎后，一般3～7天干燥脱落，外部伤口愈合，形成向内凹陷的肚脐。因为脐带残端血管与新生儿的血管相连，如果护理不好，脐部会被细菌感染，出现脓性分泌物而发生脐炎，严重时细菌可进入小儿血液循环引起败血症，甚至危及生命。在新生儿败血症中，脐部感染大约占40%～50%。所以，家长要精心护理好新生儿的脐带，避免感染。正确的做法如下。

◎ 在脐带未脱落前要保持脐部干燥，勤换尿布，将尿布上段反折垫厚，防止尿液甚至粪便浸渍污染脐部。

◎ 脐带未脱落前，不要给新生儿洗盆浴，擦洗下身时，不要浸湿脐带包布。如果脐带布湿了，应马上更换，并仔细检查脐部。若发现分泌物，可用消毒棉签蘸75%的酒精擦拭，不可直接用手或脏布擦拭。

◎ 脐带脱落后，若局部不干净可撒上灭菌结晶磺胺（消炎粉）。即使脐带脱落后创面良好，也应用75%酒精擦洗创面，以保持清洁。

◎ 脐部轻度感染，即脐轮红肿，脐部有少量渗液时，先用75%酒精消毒，然后涂上抗生素软膏；如脐部有少量脓性分泌物，除上述处理外，再用棉球蘸3%的双氧水洗脐孔，并用呋喃西林液湿敷，每日换药1次，切不可用紫药水涂抹。

◎ 如果脐部感染严重或新生儿有发热、厌食、反应差、面色青灰等表现，应送医院治疗。

忌忽视新生儿腹部保暖

婴儿出生以后，肠胃就在不停地蠕动着，当新生儿腹部受到寒冷的刺激，肠蠕动就会加快，甚至发生阵发性强烈收缩，而出现阵发性腹痛。新生儿则表现为一阵阵哭啼，乳食减少，腹泻稀便，常带有奶瓣。由于寒冷的刺激，男孩易发生提睾肌痉挛，使睾丸缩到腹股沟或腹腔内，这时婴儿腹部疼痛转剧，表现为烦躁啼哭不止。因此，平时不要忽视对新生儿腹部的保暖，即使夏天气候炎热，也应防止新生儿腹部受凉，不要光着身子睡觉和玩耍，宜着单层三角巾护腹，在农村穿兜肚就是很好的护腹办法。

保持新生儿五官清洁很重要

胎儿在娩出过程中要经过母亲的产道。产道中存在着某些细菌，新生儿出生时，眼睛可能会被细菌污染，引起眼角发炎。所以，当孩子出生后，要注意眼睛周围皮肤的清洁。每天可用药棉蘸生理盐水替小儿拭洗眼角一次，由里向外，切不可用手拭抹。如发现眼屎多或眼睛发红，待擦净后用抗生素眼药水滴治，每天3～4次，每次1滴。

小儿的鼻腔内分泌物较多，清洁时要注意安全，千万不能用发夹、火柴棍挑挖，以免触伤鼻黏膜。如鼻屎在鼻孔口，一般都能拉出，但动作要轻柔。如鼻屎近于鼻腔中部，可先用棉签蘸点温水湿润一下，然后用棉签轻轻卷出。

有的父母喜欢经常用布给宝宝擦洗口腔，这样做是不好的，因为宝宝的口腔黏膜娇嫩，很容易引起破损而造成感染。正确的做法应在两次喂奶之间，喂几口温开水即可。

至于耳朵内的分泌物是不需要清理的，只要洗脸时注意耳后及耳外部的清洁就可以了。

保持五官的清洁，同样有利于小儿的健康，每个家长都应该重视。

眼部

如不慎将浴液或肥皂水流入新生儿眼内要进行眼部冲洗。准备好细颈小茶壶一把，内盛适量温开水，消毒棉棒一包，盛污物小盘一个，接水脸盆一个，0.25％氯霉素眼药水一支。操作需两人协同，一人将新生儿抱好，如冲洗左眼则将婴儿头偏向左侧，头下方地上放置脸盆，右手将新生儿左眼上下眼睑分开，另一人将细颈小壶壶嘴离婴儿头部约1～2厘米时，将小壶略倾斜，使水缓缓冲向婴儿眼睛。注意冲时勿将水流入耳道，水温不可过高，冲洗时水压不可过大，以免损伤婴儿眼部组织。冲洗完毕用消毒棉棒吸净眼周水渍。

新生儿如患眼角膜炎时，则需按时点眼药。准备好消毒棉棒一包，小毛巾一块，眼药水、盛污物小盘一个。先冲洗双手，将小毛巾放于患眼外侧，用左手拇指、食指轻轻分开婴儿的上下眼睑，右手持药瓶至离眼2厘米处时滴药1～2滴后放开手，用消毒棉棒轻擦眼周药液。如双眼发炎，则先滴患病较轻的眼睛。

用药前先将药瓶对着光线仔细观察，如有絮状物或药液混浊均不可用。药液用完放置冰箱中冷藏，开瓶使用24小时后即不可再用。滴药时勿使药液流入同侧耳道。

新生儿有“眼屎”较为常见，“眼屎”是在新生儿通过母亲产道时，含有细菌的阴道分泌物浸到眼睛中，而引起的各种新生儿眼结膜炎。由于眼睛里的分泌物较多，可先用药棉浸上生理盐水，将“眼屎”洗净。同时，也可滴上一些抗生素眼药水或眼膏。给新生儿滴眼药水是一件很麻烦的事情，当新妈妈用手指将上下眼睑分开时，他反而将双眼闭得紧紧的，这时，新妈妈可背着光线水平地将新生儿抱起来，轻轻地上下摇动新生儿的上身和头部，他会自动睁开双眼，这时就可将眼药水或眼膏滴进去，主要滴在下眼睑的里面。点药时不能使眼药瓶碰到下眼睑，以免新生儿将眼睛再闭起来，而影响滴药。有的新生儿不仅有“眼屎”，而且常常见到在他的眼睛里总是泪汪汪的，经多次使用眼药水后，仍不见好转，这种情况有可能是新生儿的鼻泪管被上皮细胞残渣堵塞或鼻泪管黏膜闭塞，时间久了而引起泪囊炎，如果轻轻压迫眼睛内侧的泪囊部，可见到有黏液性或黏液脓性分泌物从眼睛内角下缘的泪点中溢出。凡是新生儿有“眼屎”、溢泪时，经抗生素眼药水或眼膏治疗不见效时，就应到医院眼科做进一步检查，并进行治疗。

鼻部

新生婴儿鼻黏膜柔软而富有血管，遇到轻微刺激就容易充血、水肿，使原来较狭窄的鼻腔更加狭窄而致呼吸不畅，烦躁不安。另外，鼻腔分泌物也是造成新生儿鼻塞的重要原因。

准备好消毒棉棒一包，清水一碗。清理鼻腔分泌物时，切勿用镊子强力夹出，要先软化鼻痂，用棉棒蘸清水往鼻腔内各滴1～2滴，或用母乳、牛奶滴入亦可，经1～2分钟待鼻痂软化后再用干棉棒将其拔出，或用软物刺激鼻黏膜引起喷嚏，鼻腔的分泌物即可随之排除，从而使新生儿鼻腔通畅。

耳部

足月新生儿耳壳已完全成型，但外耳道相对较狭窄，一旦污水流入耳道深处，极易引起发炎，严重者可致外耳道疖肿。由于新生儿的骨骼未发育完全，外耳道几乎是一条缝隙，发生炎症后，对神经的压迫和刺激也很重，所以疼痛就较剧烈，新生儿表现为哭闹不安，夜间也难安睡，抱哄均无效。总之，如果新生儿常常哭闹不安，外耳道的炎症也是原因之一。因此，无论是给新生儿洗头、洗澡或滴眼药时，一定注意勿使污水、药液等流入耳道深处。一旦发生外耳道炎症时，应及时去医院就医，按时服药、滴药，局部热敷，只要治疗得当，此症愈后良好。

准备好所需药水，消毒棉棒1包、盛污物小盘一个，3%过氧化氢液或生理盐水一瓶。洗手后，将新生儿侧卧，患耳朝上，用无菌棉棒轻擦外耳道分泌物，必需时用生理盐水或3%过氧化氢液清洗外耳道，左手牵引耳壳，右手以滴瓶或滴管将药液滴入耳道后壁3～5滴，轻压耳屏，使药液沿耳道壁缓缓流入耳内，婴儿保持原位5分钟左右。注意滴耳药的温度应接近体温(37.7℃为宜)，以免刺激迷路神经引起眩晕恶心等不良反应，注意滴药时一手拉住耳壳向后下方牵引，使外耳道成垂直方向，才能使药液顺利进入外耳道深部。

口腔

有些母亲特别注意新生儿的清洁卫生，就像成人每天刷牙那样，也要给新生儿清洗口腔。其实是没有必要特别专门为新生儿清洗口腔，更不能用纱布、手帕、棉签等来擦洗口腔黏膜，因为这种做法很容易将口腔黏膜擦破而引起细菌感染。其实新生儿的口腔一般不需要特别清洗，因为新生儿口腔内尚无牙齿，而且口水的流动性大就可以起到清洁口腔的作用。要给新生儿清洁口腔的话，只要在给新生儿喂完奶后，再喂点温开水，将口腔内残存的奶液冲洗掉就可以了。个别的确实需要清洗时，可用干净的棉签，蘸上水轻轻涂抹口腔黏膜，但千万不能将黏膜擦破。

如果新生儿患了口炎或其他口腔疾病则需做口腔护理。准备好碗一个，内放生理盐水浸泡的大棉球6个，消毒液状石蜡油1瓶，或煮沸过的食用植物油也可以，小镊子1把，棉棒1包，小茶壶1个(内放温水)，小毛巾两块。做口腔护理前，先洗净双手，将新生儿侧卧，用毛巾围在颏下及枕上，防止沾湿衣服及枕头。用镊子夹住盐水棉球1个，先擦两颊内部及齿龈外面，再擦齿龈内面及舌部，每擦一个部位，至少更换一个棉球。注意勿触及咽部，以免引起恶心。擦洗之后用毛巾擦净面部及嘴角，口唇干燥者涂以液状石蜡或食用植物油，口腔内根据需要涂药。注意做口腔护理时使用的物品一定要清洁卫生，经过消毒方可使用。棉球蘸取的溶液不可过多，防止婴儿将溶液吸入呼吸道，操作时动作要轻，棉球要夹紧，防止棉球掉到口腔后部，堵住咽喉部造成窒息。

科学养护经

如何给新生儿清洗面部

用左臂抱起新生儿，并用左肘部和腰部夹住孩子的臀部和双下肢，左手托住头颈部，用拇指和中指压住婴儿双耳，使耳廓盖住外耳道，防止洗脸水进入耳道引起炎症。右手将一块小毛巾沾湿后略挤一下，先洗双眼。注意小毛巾擦过一只眼后要换一面擦另一只眼，然后将毛巾在水中清洗一下，再擦前额、面颊部及嘴角，拧干毛巾擦干面部。

警惕新生儿身上的怪味

小儿身上的任何细微的变化都难以逃脱母亲的眼睛。但是，有一种奇怪的现象却往往被母亲忽视，就是有一些婴儿身上散发出一些奇怪的味道，如烂白菜味、脚汗味、猫尿味等。有些母亲对这些怪味来源认识不清，往往忽视婴儿身上的怪味。其实，若这些怪味是从婴儿身上散发出来的，便是婴儿患有某些先天性代谢疾病的信号。

先天性代谢疾病与遗传有关，基因发生突变，导致某些酶或结构蛋白的缺陷，使体内氨基酸或有机酸代谢障碍，产生异常代谢产物，堆积在小儿体内，并通过汗、尿排出，因而散发出各种怪味。例如，枫糖尿症可散发出枫糖味、烧焦糖味、咖啡味；苯酮尿症可散发出耗子臊味；蛋氨酸吸收不良症可散发出啤酒花烘炉气味；高蛋氨酸症可散发出煮白菜味或腐败黄油味；焦谷氨酸血症可散出汗脚味。这些代谢病最后都可导致小儿发育障碍及痴呆。

代谢病的发病率虽然不多，但危害严重，一旦延误，便难以挽回。所以父母不要忽视新生儿身上的怪味，一旦发现怪味，应求医检查，对症治疗。

新生儿应减少与外人接触

新生儿从产院回家后，皆大欢喜，亲朋好友纷纷前来探望祝贺。殊不知来来往往的人群对产妇的休息和刚出世的婴儿来说都是不利的。

新生儿身体各部分都很娇嫩，对外界环境的适应能力差，抵抗力也弱。特别是呼吸道的发育还不成熟，气管短而狭长，容易感染。由于在探望的人中，难免带有各种病菌，这些病菌在成人身上不致病，而对新生儿却是祸害。新生儿得病后往往病情较重，有时甚至危及生命，所以应当尽量减少新生儿与外人接触。

另一方面，产妇需要有一个安静舒适的环境，如探望的人很多，势必影响产妇睡眠和休息，增加疲劳。而产妇得不到足够的休息，乳汁分泌也会减少。何况有客人在场，母亲喂奶也不方便。所以，对亲友的来访要婉言谢绝，或者缩短会客时间，室内要经常开窗，禁止吸烟，保持空气新鲜，这样才有利于母子健康。

母婴同睡危害大

有的母亲习惯于与自己的婴儿同睡一个被窝，尤其到了寒冷的冬天，母亲怕小儿冷，搂着孩子睡觉，这种现象在农村较为普遍，其实，这种做法很不卫生，对孩子是有害的。

搂着孩子睡觉会使孩子吸氧不足。人脑组织的耗氧量最大，一个成人脑组织的耗氧量占全身耗氧量的1/5，而孩子愈小，脑耗氧量占全身耗氧量的比例也愈大，婴幼儿可高达1/2。如果父母搂着孩子睡觉，父母的呼吸会使周围空气中的二氧化碳含量增高，睡眠中的孩子感到呼吸困难，脑供氧不足，因而引起睡眠不稳、易做噩梦和半夜哭闹等。长期在这种缺氧的环境中睡眠，会影响婴儿脑组织的新陈代谢，严重者还会影响孩子的正常发育。同时，人体的代谢产物有数百种，包括二氧化碳、一氧化碳、烃、丙酮、苯、甲醛等，在空气流通的情况下，这些污染物会迅速扩散，不会造成污染。房间里，特别是在被窝里，这些污染物的浓度已经到了不容忽视的程度，如果婴儿长期受到这些污染物的污染，对婴儿健康发育是极不利的。另外，搂着孩子睡觉也容易发生压伤、窒息等意外，因这种意外而死亡的婴儿也不乏其例。

搂着孩子睡觉，大人和孩子都得不到舒适、自由的休息，不利于疲劳恢复和自由活动。一旦母亲患了流感或皮肤病，加之婴儿的免疫力和抵抗力低弱，就容易通过呼吸、皮肤接触传染给婴儿。

为了母婴的健康，婴儿还是与母亲分床睡好，让婴儿单独地睡在可以灵活搬动的小床上，大人睡觉时，把小床搬到大床边，以便夜里照顾。

如何给宝宝更换尿布

新生儿的皮肤细嫩，最易损伤，因此新生儿的尿布应当选用柔软、清洁、吸水性强的白色或浅色棉布，将布截成方形(50厘米)，约30块左右以供使用。

尿布湿了或脏了应该及时更换，以免产生尿布性皮炎。更换尿布时，将婴儿放在毛巾上，取掉脏尿布，用温水轻轻地由前向后清洗生殖器部分，然后用毛巾轻轻拍干。如果婴儿大便污染了尿布，将有粪便的部分折到尿布里面并去除，用棉布或卫生纸擦净臀部，再用温水冲洗并拍干，应特别留意皮肤皱褶地方。然后，将方形尿布叠成3～4层(宽度12～15厘米)，一端平展地放置宝宝的臀部至腰下，另一端由两腿之间拉上至下腹部。男婴应将阴茎向下压，防止小便渗入脐部，再将方形的尿布叠成三角形，放在长条形尿布下，三角形的两端覆盖在长方形尿布上，尖端由两腿之间拉上固定。

换尿布时动作要轻快，防止婴儿着凉。包扎尿布不要过紧或过松，过紧小儿活动受限，妨碍发育，过松粪便容易外溢，污染皮肤。尿布不要垫得太厚，否则会使两侧大腿外旋，长大后走路有可能呈“鸭步”状态；尿布也不宜过宽或太长，以免擦伤皮肤和长时间夹在两腿之间引起下肢变形。

科学养护经

受各种一次性用品的启发，越来越多的母亲用卫生纸代替尿布给新生儿垫屁股。认为这样做既可避免反复洗刷尿布的麻烦，又可防止病菌的感染，岂不知这样做给新生的婴儿带来莫大的痛苦。到目前为止，人们所用的各种保健、药物名称的卫生纸，不管工艺制作多么精细，都不能完全清除纸中残存的氢氧化钠等碱性物质，也不能完全除去纸中的漂白剂等氧化程度不同的化学物质。这些物质虽然浓度不高，对成人一般不会产生明显的毒副作用，但对皮薄、肉嫩的初生婴儿来说，腐蚀或刺激作用就不可忽视了。

忌用洗衣粉洗涤尿布

洗衣粉属人工合成的化学洗涤剂，其主要成分是烷基苯磺酸钠（简称ABS）。在日常生活中，有些父母用它来洗涤婴儿尿布，这是不科学的，对婴儿身体有害。

洗衣粉中所含的烷基苯磺酸钠是一种有毒的化合物，对婴儿细嫩的皮肤有明显的刺激。有人调查发现，使用洗衣粉洗涤尿布时，由于漂洗不彻底，每块尿布上烷基苯磺酸钠的残留量平均达15毫克。婴儿皮肤细嫩，接触尿布上烷基苯磺酸钠残留物后，不仅可引起过敏反应，而且还会出现胆囊扩大和白细胞升高等症状。调查表明，烷基苯磺酸钠对肝脏等器官发育不全的婴儿危害尤为严重。所以，家长在给婴儿洗涤尿布时不宜用洗衣粉，应用温和的肥皂水浸洗，以除去污渍。最后把洗干净的尿布用开水烫后，再放在阳光下晒干。

合理使用婴儿一次性尿裤

一次性尿裤是一种新型的婴儿用品，使用比较方便。尿裤采用多层结构，内衬纯白绒毛木质浆及高分子吸水材料，因而吸水性较强。当尿裤吸满尿液时，贴着皮肤的一面并不使婴儿感到十分潮湿。所以，一次性尿裤越来越受到父母的青睐。但是，当气候潮湿，气温较高时，不少宝宝的臀部及大腿内侧等接触尿布部位的皮肤发红，出现斑丘疹，甚至糜烂、溃疡，这就是尿布皮炎了。

尿布皮炎大多发生在周岁以内的婴儿身上，是新生儿最常见的皮肤病之一。婴幼儿皮肤薄嫩，保护屏障弱，大小便后若没有及时更换尿布，尿液和粪便密切接触；由于尿液中含有尿酸盐，粪便中含有吲哚等多种刺激性物质，长时间持续刺激婴幼儿的臀部皮肤，致使该处表皮抵抗能力下降，从而引起皮炎。红臀时由于皮肤破损，细菌易繁殖造成局部感染，严重时细菌从感染的局部侵入血液，引起败血症。

因此，预防尿布皮炎要及时换纸尿裤或布尿片，勤清洗。每次排尿排便后都要用温水清洗孩子的臀部与皮肤皱褶处，彻底清洗宝宝的外生殖器区域，洗完后，要记得用软毛巾或纸巾擦干水分。臀部擦上薄薄的润臀膏或霜(含有矿脂或氧化锌)。不可过度清洗和擦拭，以免损伤皮肤。不要扑粉，因扑粉结成块反而刺激宝贝的皮肤。如已发生臀红现象，则不宜再用肥皂给宝宝洗屁股了。

要及时发现宝宝的排便信号。喂完奶半小时、宝宝睡觉前后定时把尿，关注孩子睡梦中突然扭动身体，玩时突然发呆等排便信号，这时候把尿就能使孩子形成条件反射，减少尿布皮炎的发生。

如果得了尿布皮炎，应暂停使用纸尿裤，宜选择细软、吸水性强的纯棉布为孩子做尿布，且使用后的尿布要用中性洗涤液清洗干净，再用开水烫一下或煮一下，在阳光下晒干后再用。一般情况下，只要家长按照正确的方法进行局部皮肤护理，在3～4天内就可以好转了。若尿布皮炎发生在婴儿出生后6周以内，且持续时间超过一周，该部位出现溃疡或者丘疹；婴儿出现发烧、皮疹扩散到其他部位，且有脓性或黄色液体渗出者，应及时就医。

婴儿在白天宜使用传统的尿布片，少用或不用一次性尿裤。因为尿布片是棉制品，较柔软，易清洗，而且经济实惠，特别适宜于刚出生不久的新生儿。

给新生儿拍照不宜用闪光灯

宝宝出世后，父母都想给孩子拍些照片作为珍贵的纪念，由于室内光线较弱，影响拍摄效果，有人便想到了借助闪光灯来提高照明度，殊不知这样做对孩子是有害的。

宝宝在出生前经过了9个月漫长的子宫中“暗室”生活，因此对光的刺激非常敏感。出生以后，多以睡眠的方式来逐渐适应外界的突然变化。而且，刚出生的孩子白天睡眠比夜间多，这也是对外界环境尚不适应的表现。

新生儿眼睛对于较强光线照射还不善于调节，同时由于视网膜发育尚不完善，遇到强光可使视网膜神经细胞发生化学变化，瞬目及瞳孔对光反射均不灵敏，泪腺尚未发育，角膜干燥，缺乏一系列阻挡强光和保护视网膜的功能。所以新生儿遇到电子闪光灯等强光直射时，可能引起眼底视网膜和角膜的灼伤，甚至有导致失明的危险。因此，为新生儿拍照时最好利用自然光源，采用侧光、逆光，避免阳光直射入眼。

让宝宝远离大便干燥

大便干燥即便秘，指2～3天不排便。新生儿发生便秘多数是功能性的，主要是消化道平滑肌薄弱，以及消化液和酶不足造成的。需要注意的是，出生后不排便或仅有少量黄白色胎便，这往往是新生儿肠道先天畸形的症状，应该早期明确诊断，及时进行手术治疗。若诊断不及时，延误了手术时机，会使新生儿病情加重，甚至危及生命。新生儿常见的便秘原因有以下几种。

◎ 喂养因素的影响。人工喂养或饮食过于精细、蛋白质摄入过多的孩子常易引起大便干燥。如单纯用牛奶喂养，从出生半个月开始，大便正常，约每日一次。到满月时，就会2～3天才排便一次。如果为母乳喂养，母乳量不足，婴儿经常处于半饥饿状态，大便量势必会减少，也会隔2～3天一次。

◎ 感染。肛门周围有脓肿，也会引起便秘。经检查，肛门及肛门周围红肿，有压痛及波动感，应该立即送医院诊治手术切开。

◎ 先天性畸形。先天肛门闭锁或肛门狭窄的新生儿，无胎便排出。先天性巨结肠，要许多天才大便一次，腹胀明显，灌肠后会排出大量的气体和粪便。这种情况应该及时到医院确诊。

便秘达两天以上者，可用开塞露或小肥皂条塞入小儿肛门内，帮助排便，但不宜长期使用。小肥皂条在使用前要用温开水烫软后塞入肛门。有肛裂小儿，必须治疗肛裂，涂一些润滑油，以免排便时肛门痛。重要的是，每天要养成定时大便的习惯。

如何防范宝宝意外伤害

新生儿初到人间，每天除了吃奶、大小便外，几乎整天都在睡眠中。由于新生儿时期各器官发育还不完善，皮肤娇嫩，骨骼柔软，所以抵抗力很弱。如果不谨慎细致的护理，则很容易生病，甚至有发生意外的危险。

新生儿的胃呈水平位置，胃内容量很小，胃的肌肉也较松弛，容易溢奶和吐奶，所以每次喂完奶后，应托住背部把孩子抱起，让其趴在母亲肩头，并用手轻轻拍打婴儿背部，促使孩子打个饱嗝，把胃内的空气排出来，防止吐奶。当孩子熟睡后也要定时观看孩子有无吐奶，以免孩子吐奶时大声哭闹，把奶汁吸进气管里引起吸入性肺炎，甚至发生严重呛噎造成窒息，危及孩子生命。

冬天气候寒冷，为了给新生儿保暖，父母总喜欢给孩子铺厚一些，盖厚一些，并用被子或毯子围住孩子的头部以挡风。当父母有注意不到或熟睡后，孩子有时会手脚乱蹬，弄得被子或毯子盖在脸上，甚至把鼻子、嘴堵住。此时如不能及时把盖住口鼻的被褥拉开，就会限制孩子呼吸，给孩子带来很大危险。如果冬天室内生火炉，一定要安装出气管道。

还有的母亲喜欢搂着婴儿睡觉，当母亲熟睡后，难免将胳膊、大腿或半侧身子压在孩子身上，影响孩子的呼吸和血液循环，严重威胁着婴儿的安全。因此，新生儿要独自睡在一处，最好用提高室温的方法给孩子保暖，不要给孩子盖的太厚以免被子过重，影响孩子的呼吸和肢体活动。如果室温不足时，可在婴儿被子两侧或足底部放上热水袋保暖，但要注意水不可太烫，袋或瓶盖子要拧紧，防止漏水。要避免使热水袋直接接触孩子的皮肤发生烫伤。

除此之外，为了防止新生儿发生意外，凡是孩子穿的衣服，盖的被子、毯子，用的尿布、褥子都要认真检查，尤应注意这些物品里是否有遗留的缝衣针、线或小虫等，用前最好经过日晒消毒。每天都要检查宝宝的手指、脚趾是否被袜子、手套或被子上的丝线缠绕，以免造成血流不通、组织坏死。

不要睡太软的床，不要用大而软的枕头。最好给宝宝备一张小床，以免与大人同床、同被睡眠。小床上也不要堆叠衣物、玩具，挂玩具的绳索和窗帘绳也不能靠近小床，以免套住宝宝的颈部。孩子睡床的周围应避开或远离暖水瓶、电源、电线等物品，以免发生意外。

为防止孩子自我抓伤，应经常修剪指甲。

养猫、狗等小动物的家庭，应将猫或狗移到别处。平时要关紧门窗，以防动物钻进室内伤害宝宝。

给宝宝洗澡时，不能暂时丢下宝宝去接电话、开门等，如果必须去，一定要把宝宝用浴巾包好抱在手里，以防意外。

如何选择合适的婴儿床

婴儿床最好比单人床小些，四周应有围栏，栏杆高度以20～30厘米为宜，四面围栏中应有一面或两面做成能够上下拉动的“拉门”，以方便护理孩子。围栏的“拉门”要求坚固，关闭时要绝对安全。小床周围的栏杆不能太稀，前几个月可用床单将栏杆包上，以防小儿头、手、脚卡在栏杆中间发生意外。婴儿床所有的角应是圆钝的，避免锐角。婴儿床高度和成人床相同或略高些，这样护理婴儿比较方便和省力。婴儿床不要长期安放在一个位置，以免孩子眼睛固定地盯着一个东西看，时间长了造成斜视。婴儿床要定期拿到外面日光下照晒一下，可起到消毒杀菌作用，有利于婴儿健康。

避免让孩子睡软床

小儿有一半的时间是在床上度过的，床对他们来说无疑很重要。现在年轻父母疼爱孩子，加上家庭经济条件不错，大多给小儿睡上了席梦思、弹簧床，而且父母还喜欢将小儿的床铺得很软，觉得只有这样睡觉才舒服、暖和。但年轻的父母可能不会想到，睡软床虽然舒服，但对孩子的生长发育不利。在软床上睡觉，特别是仰卧睡时，增加了脊柱的生理弯曲度，使脊柱附近的韧带和关节负担过重，时间长了，容易引起腰部不适和疼痛。小儿的骨骼骨质较软、可塑性大，长期睡软床，就会影响脊柱的生长，破坏脊柱正常的生理弯曲，引起驼背、脊柱侧弯曲、畸形或腰肌劳损。研究表明，小儿长期睡在凹陷软床上，发生脊柱畸形的占60%以上，而睡在硬木板床上，脊柱畸形只占5%左右，所以不应让小儿睡软床。床上应少铺一些褥子，特别是新的柔软的褥子，以不冷为宜，这是对孩子最大的爱护。

小儿不宜睡软床，但硬板床也不是最适合小儿的床，因为硬板床质地坚硬，不利于小儿全身肌肉的放松和休息，容易产生疲劳，影响小儿睡眠。

最适合小儿睡眠的床是棕绷床。棕绷床柔软并富有一定的弹性，使小儿在睡眠时肌肉得到充分放松，而且不会对身体发育产生不良影响，是小儿最理想的用床。

宝宝夜间哭闹怎么办

婴儿在出生的头3个月，因食量少、餐数多、睡眠周期短等，具有睡眠时间短、频繁小睡的特点，很少连续睡眠超过4个小时，且白天、夜间没有太大区别。3～6个月开始，婴儿睡眠进入稳定期，夜间可以连续睡眠5个小时以上，中间醒来1～2次。可是也有的婴儿晚上睡觉总是哭吵，闹得年轻父母们疲惫不堪。

从5个月开始长牙，到2岁半长全，婴儿会有因为长牙带来的不适而哭吵。注意观察婴儿的脸颊、下巴，如果有明显的口水红疹、牙龈肿大、触痛及轻微发烧等，就要考虑是否有长牙疼痛困扰着婴儿。可以采用局部冷敷的方法缓解婴儿的不适。待婴儿牙齿长出后，睡眠会自然好转。

有的婴儿，尤其是男婴儿，因憋了尿，膀胱饱满的刺激使婴儿感到不适，于是婴儿就会表现为睡觉不踏实、来回翻身、伴哭吵。解尿后，婴儿就会继续安静地睡觉。不要在婴儿临睡前半小时给婴儿进乳、水太多，否则，入眠后半小时至2小时之间，婴儿会解尿3～4次。如果您掌握了婴儿解尿的时间规律，也可以主动在一定时间，提前给婴儿换尿布或把尿，这样就可以有效减少婴儿因排尿引起的哭吵。

有经验的妈妈会发现，婴儿常会出现吃奶时的鼻塞，尤其是刚出生不久的宝贝，或是不幸感冒了的婴儿。婴儿鼻腔中有很大的鼻痂，会使鼻腔阻塞，迫使婴儿用嘴呼吸。这样，干燥的空气刺激咽部，造成咳嗽等不适，就会引起婴儿突然大哭。要学会用清水滴注或用器具清理鼻腔，软化鼻痂，清除鼻腔中的阻塞物后，婴儿才能顺利地吸吮，继续安然入眠。

室内温度最好不要超过24℃，太热或太冷，或穿的、盖的过多，使婴儿在睡眠中烦躁或把被子蹬掉，继而感觉寒冷，也会导致婴儿出现哭吵。

婴儿晚上睡不安的原因很多，往往与睡眠条件不好引起不适或身体有病有关，也有可能是缺钙的表现。其他原因如饥饿、被子盖得太多、尿布湿了或尿裤太紧等；幼儿睡眠不好也可与睡前过度兴奋或紧张、日常生活的变化，如外出、睡不定时、搬新屋、新的保姆和陌生人来有关；白天睡的太多也可影响晚上的睡眠。此外，小儿的内在因素对睡眠也有影响：大脑神经发育尚未成熟。孩子生理上尚未建立固定的作息时间表。宝宝生物时钟日夜规律的调整，要依赖宝宝生理成熟度的配合。

解除了引起睡眠不好的因素后，有时每隔2～3小时还会出现哭闹时，可采取轻拍或抚摸孩子，可使宝宝重新入睡。不要马上又抱又哄，或给他喂奶和喝水，这样会养成孩子夜间经常醒来的不良习惯。某些神经类型的正常小儿晚上睡眠很差，但只要吃、发育增长没问题就不必太担心。

此外，应安排个安静、舒适的睡眠场所，室温适宜、空气清新、被褥厚薄合适、灯光可暗一些；培育良好的睡觉习惯，睡前不过于兴奋或做大运动量的运动，不宜训斥孩子。每天晚上到9点就关灯，大家都睡觉或到另外的房间去活动，创造一个安静的环境，让他安静入睡。婴儿最好侧睡，尤其是吃饱后应向右侧睡，俯卧易压住口鼻影响呼吸，仰卧会因吐奶引起呛咳。

唱摇篮曲的技巧

哄孩子睡觉最好的办法是唱摇篮曲，它最适用于零岁到2岁内的孩子。摇篮曲不同于其他歌曲，它是具有催眠特性的典型乐曲，通常摇篮曲大多是6/8或3/4拍的，现在大部分年轻人不会唱太多的摇篮曲。对于这种情况，你可以选择一些你喜欢的3/4拍或慢四拍的歌曲，只要是慢拍子，平缓的曲子就行。注意观察孩子的反应，大部分孩子对音乐的反应力都很强，他们对摇篮曲这样的慢节奏的乐曲很容易接受。但也有些孩子对音乐的要求很特别，他可能喜欢听一些特别的音乐。因此，你在唱摇篮曲时要依孩子的反应而定。怎样给孩子选择曲子呢?

选择的歌曲应通俗易懂，曲调优美。如“风儿吹，树不摇，鸟儿也不叫，小孩子要睡觉，眼睛闭闭好。”歌词简单，孩子易于接受。成人选择歌曲时，首先要了解曲子的性质是否符合孩子的特点。

哼唱优美，音唱准确。哼唱摇篮曲一定要优美、动听，并注意音准。如果音不准，会给人一种不舒服的感觉，影响孩子安静入睡。

所唱曲子要固定。固定的曲子唱的时间长了，歌词会在孩子脑中形成一种信号，只要一听到这首曲子就自然而然地入睡了。而且，摇篮曲优美的曲调对孩子也是一种熏陶，如《睡吧!布娃娃》是孩子比较喜欢、熟悉的摇篮曲。

因此，年轻的妈妈常爱唱着优美、动听的摇篮曲哄孩子睡觉，但由于成人对摇篮曲的性质不够了解，常会产生以下情况：①时间场合选择不当，当孩子正在游戏或处于亢奋的状态时，成人哄孩子睡觉，孩子是无法安静入睡的；②环境影响，孩子睡觉的环境喧闹或常有人说话、走动，即便成人哼唱优美悦耳的摇篮曲，孩子也不会理会的；③随意变换摇篮曲，成人无目的地唱摇篮曲，曲调变换不定，孩子的情绪会随歌曲的变化而变化，不易安然入睡。

因此，年轻的妈妈在给孩子唱摇篮曲时也应掌握一定的技巧。

抱婴儿要有度

有的年轻父母看到小宝宝就爱不释手；经常抱着孩子，婴儿睡着了也不肯放下。殊不知，多抱孩子对正常发育有危害。

在正常情况下，新生儿一天的睡眠时间是20～22小时，6个月的婴儿要睡12～14小时，1周岁时也要睡13个小时左右。多抱会影响孩子的睡眠时间和睡眠质量，使其不能熟睡。婴儿不会说话，遇冷、热、渴、饿、痛等，都以啼哭表示。如不去细察缘由，一哭就喂奶，一哭就抱，会养成婴儿的坏习惯。

婴儿的啼哭是一种全身运动，可以增进心肺功能，加快全身血液循环，增加各脏器的新陈代谢活动，促进儿童的正常发育。如果婴儿一哭就抱，多抱会使婴儿的肢体活动量减少，血液流通受阻，影响各种物质的输送，严重妨碍骨骼、肌肉的正常生长发育。但是，必须懂得，如果哭闹时间过长，应认真找出原因，并给予爱抚。

另外，多抱婴儿走路，还容易使婴儿大脑受到震动，加上强烈的光线、色彩和噪音的刺激，使婴儿长时间处于兴奋状态，心肺负担加重，身体抵抗力下降，很容易生病。

孩子爱吮手指怎么办

孩子的吸吮动作是先天性的本能动作，但吸吮手指并不是先天的本能，这是在后天逐渐产生的一种不良习惯。这一习惯与母亲早期喂养不当有关，有的母亲一听到孩子的哭声就用奶头把孩子嘴堵上。当没有奶头吸吮时，孩子就用自己的手指代替奶头来吸吮，以满足吸吮的本能需要。此时孩子并非想吃到什么，而是从吸吮中得到满足的乐趣，也是孩子认识事物的一种积极尝试。通过吸吮动作对孩子自身情绪的稳定也起很大作用，有的孩子在饥饿、生气、惊吓或要睡觉时就吸吮手指。还有的孩子是在断奶后开始吮手指的，以此代替奶头。如果用恐吓，束缚等强制手段来纠正，效果也不十分明显，医学上称之为“吮拇癖”，这一习惯长期持续下去，对孩子的生长发育有很大的影响。

孩子爱吮手指对孩子健康带来的危害是：①吸吮手指时容易将病菌带入口中，会引起消化道感染或肠道寄生虫病(蛔虫病、蛲虫病)等；②吮手指这一习惯持续时间长久了，手指会变形，手指皮肤发红裂口，指甲会被口水泡软，甚至甲沟肿胀，造成感染化脓等，给孩子带来痛苦；③长期吮手指可能会影响下颌发育，造成牙齿排列不齐或上下牙咬合不良的畸形；④孩子经常吮吸手指，总是把手放在口中，可影响手指肌肉发育和精细动作的发展，从而对以后的工作、学习及生活有一定的影响。那么，孩子爱吮手指该怎么办呢？

母乳喂养的孩子，适当将喂奶时间延长一些，一次吃饱。同样，用奶瓶喂奶时，可将奶嘴孔刺得小一点，以延长吸吮时间，满足吸吮本能的需要。但孔也不宜过小，避免使孩子没吃饱就感到疲倦了。另外，孩子哭闹时不要给其安抚奶嘴。

尽量不让孩子把手指放入口中，如发现孩子爱吮手指，成人要采取积极的措施加以纠正，不要用强硬的方法将孩子的手从口中拉出来，也不要在孩子手指上涂苦、辣等怪味东西，这对纠正吮手指习惯没有积极作用，反而给孩子带来痛苦。最好用孩子喜欢的玩具逗引他用手去拿，增加手的活动，或经常带孩子到室外活动，使孩子的注意力集中到他觉得好玩的事物上，从而忘记将手放入口中。成人也可多与孩子玩耍、交谈，使孩子情绪稳定。

注意孩子的个人卫生及周围环境的卫生，爸爸妈妈应常给孩子洗手，孩子的玩具及用品要经常清洗消毒，以防病从口入。

别随意给宝宝剃胎毛

一些地方有满月时给孩子剃头、刮眉毛的风俗，以为这样孩子的头发、眉毛就会漆黑浓密，这种说法是不科学的。新生儿的毛发长得好不好，主要是受妈妈孕期营养及遗传的影响，如果希望孩子的头发长得更好，可以在稍大时适当给他补充一些营养毛发的食品，如核桃、黑芝麻等，以改善毛发质量。

新生儿的头皮非常娇嫩，而且抵抗力差，剃头时难免刮破造成感染，而且新生儿头上有一层起保护作用的“胎皮”，剃头时会把这层胎皮也剃掉，很容易使细菌有机可乘。如果刮时不留神把眉毛下的皮肉刮去一块，结痂后眉毛就不会再生，将影响孩子的美观。

因此，可以适当剪去一部分过长的头发，没必要用“剃”和“刮”的方式，避免人为地对孩子造成伤害。

忌经常给宝宝用痱子粉

有的宝宝很能出汗，家长经常给宝宝擦一些痱子粉，希望让宝宝清爽一些，那么，经常擦痱子粉好不好呢？事实上，宝宝要避免过量使用痱子粉，因为痱子粉有如下缺点。

◎ 有些宝宝对痱子粉会敏感，尤其是使用时会弄得空气中都弥漫着粉末，令大人呼吸都受不了，更何况是宝宝呢？严重者甚至会引发呼吸困难。

◎ 婴幼儿嗅觉的感受与大人不一样，不见得喜欢接受痱子粉的香味。

◎ 痱子粉和汗水混合后会结成块状颗粒，在宝宝幼嫩的皮肤上不断摩擦，反而容易损伤皮肤。

◎ 婴幼儿的皮肤细嫩且穿透性强，皮肤上的物质容易被吸收进入体内，故使用直接涂抹的外用物品要特别注意其品质及含量。

至于掺有中药的痱子粉，因其成分目前并不明了，也没有做过科学化的检验或分析，贸然给婴幼儿使用，虽然可以使宝宝的皮肤干燥些，但可能会造成其他不良的影响。如果宝宝长了痱子，应在长痱子的部位涂上高温消毒、粉质细腻和品质温和而又安全有效的婴儿专用爽身粉，帮助宝宝祛痱止痒。

婴儿穿衣忌过多

人们都知道，穿衣应根据不同季节，随着天气的冷暖而增减。婴儿生活自理能力差，自己不能主动换穿不同季节的衣服，需要家长照料和提醒。而多数家长总怕孩子受冷挨冻，常给穿很多很厚的衣服。可是家长却不知道穿着过多对孩子有诸多弊端。

首先，由于婴儿好动，处在不停地活动中，即使那些只能躺在床上看天花板的宝宝，哭就是他重要的运动方式，而婴儿哭闹或活动时多易出大汗，若穿着过多，汗水浸湿内衣，湿衣服冰凉地贴在孩子身上，非常容易感冒着凉，以至引发气管炎、肺炎。好心的家长给孩子多穿衣服本意是为防寒保暖，其效果却适得其反。有时包裹得太多太厚，还会引起“婴儿闷热综合征”，严重时甚至会危及生命。其次，孩子穿得太多，活动就不方便，妨碍其运动功能的发育。如10个月的婴儿，在夏天时衣服穿得少，活动灵活，会很快学会站立和扶走；而同样是10个月的婴儿，在冬季穿衣多，动作不便，显得笨拙，上述运动功能的发育也会延迟。

实际上，正常的婴幼儿与成人的体温相同，只是婴儿体温调节中枢功能尚不完善，对过热、过冷的调节能力较差而已。因此，一般健康的婴儿平时穿着比大人稍微增加一点就可以了，体质差的比成人多穿1～2件衣服也足够了，不必穿得过多。

孩子穿衣的总的原则是适当地少穿一些，这不仅有利于孩子的心身发育，也是锻炼和增强孩子御寒，抗病能力的最积极而有效的方法。只是在气候多变的春秋季，要注意根据气温的变化，及时为孩子增减衣服。

"蒙被综合征"谨防宝宝窒息

婴儿被闷死在被子中这种情况并不鲜见，这与不适当的护理习惯密切相关。由于冬季寒冷，家长怕孩子冻坏，除了穿上新做的棉衣外，还用棉被盖得严严实实，身子底下铺上电热毯，再加热水袋保暖。殊不知，爱过分则为害。新生儿蒙被过暖窒息综合征就在这种情况下发生了，其表现是大汗淋漓，全身皮肤发烫，体温达40℃以上，面色苍白或青紫，神志不清，两眼发直，四肢僵硬，反应迟钝或昏迷，因出汗多，皮肤黏膜干燥，摸上去似硬皮样。病情严重的患儿常因继发内脏出血或颅内出血而死亡。

由于婴儿的代谢旺盛，能量需求相对比成人高，需要的水量比成人大，但对缺水缺氧的耐受性却比成人差。孩子和妈妈睡在一起，头部也常被蒙在被窝里边。当被窝内温度过高时，身体散热困难，为了调节体温，就以大量出汗来散热，严重者造成脱水，甚至循环衰竭，危及到各脏器的功能。此外，被窝里极易引起缺氧，时间久了，大脑因缺氧会迅速发生脑水肿，颅内压增高可引起抽搐，抽搐又加重氧的消耗，造成恶性循环。脑细胞脱水加上缺氧，引起脑组织变性坏死、颅内或蛛网膜下腔出血或硬膜下腔积液等一系列病变，还会引起肺栓塞、消化道出血、肝坏死等。侥幸存活的患儿，因脑组织损害严重，会留下智力低下，运动障碍、聋哑、呆傻、癫痫、瘫痪等后遗症。

一旦发现孩子发生窒息综合征后，应急送医院抢救治疗，给予吸氧、补液及纠正酸中毒，并根据症状不同采取对症疗法，尽力挽救患儿生命。预防办法是，莫让宝宝过暖，更不可蒙在被窝里睡觉。

玩具宜定期消毒

新买的玩具应消毒后再给孩子玩，因其在生产、包装、运输以及销售等环节中，都有可能被肠病毒污染。此外，玩具应每周消毒一次，要让孩子养成洗完手再玩玩具的习惯。

玩具从制造的原料来分，有塑料、布、金属、木制等几大类，有些塑料玩具中含有聚氯乙烯，而聚氯乙烯是一种毒性很大的化合物，可以引起肝脏、骨骼的损害。注意别让孩子把塑料玩具放在口中吮吸，否则有害物质就会被摄入体内。木制玩具的表面往往涂有各种有色油漆，这些油漆中都含有一些有害物，如果把这些玩具放在嘴里吮、咬，有色油漆极易脱落，漆膜或颜料就会慢慢地由口摄入体内，时间久了就可能造成慢性中毒。而毛绒玩具则更是藏污纳垢的“好场所”，细菌不仅会传染到孩子手上，而且还会通过鼻腔传到体内，引起呼吸系统疾病。

对于儿童玩具的消毒，一般可以用75%酒精、0.2%过氧乙酸液对玩具进行处理。过氧乙酸具有广谱杀菌作用，能有效杀死细菌繁殖体、结核杆菌、真菌、病毒和其他微生物的作用，可浸泡、擦拭、喷雾、熏蒸等，而且不残留毒性。取过氧乙酸原液2毫升，加入1 000毫升水调匀即可。玩具用消毒剂处理过后，一定要用清水将消毒液彻底除去，因为残留的消毒剂可能会对儿童造成危害。对于电动玩具，应先卸下电池，擦拭时要格外注意，尽量不要把电池盒弄湿，以免发生短路。此外，玩具要经常在日光下暴晒，因为日光中的紫外线也有很好的消毒作用。

对于孩子比较喜爱的长毛绒玩具，最好的消毒方法就是清洗。用普通肥皂或洗衣粉清洗即可，漂净后在阳光下晒干。这样既能洗去玩具表面可能沾染的病毒，又能去除真菌和尘螨，还可降低孩子发生过敏的几率。如果玩具是用塑料或金属制成的，只要不是电动或由发条驱动的，可用稀释后的消毒液擦拭，再用清水擦拭两遍，在阳光下晒干即可。如果玩具的内部结构比较复杂，不能接触液体，那就只能放在阳光下暴晒。肠病毒对紫外线的抵御能力很差，在阳光下只要晒5分钟就会被杀灭。所以，家长要经常让孩子的玩具“晒太阳”。

孩子最钟爱的玩具，常常走到哪里都要带着，这种玩具应该每天消毒一次，以保障孩子的健康。

带宝宝乘飞机的注意事项

乘坐飞机出行既方便又快捷，但婴儿的抵抗力和适应力远不如成人。一般来说，航空公司规定婴儿必须出生满14天后才能登机，以免呼吸器官无法适应高空环境。原则上，新生儿在出生满一个月之后搭乘飞机就无任何限制了。

起飞和降落可以说是婴儿最难适应的时刻。压力的急速变化，往往造成喉咙直通中耳的管路内外压力不平衡。显而易见，减少飞机的起落次数也就降低了孩子的危险系数。因此，最好选择能够直达目的地的航班。此外，在飞机上减轻婴儿不适的最好方法是让宝宝吸奶嘴或用奶瓶喝水，用吸吮来平衡管路的内外空气压力。如果没有奶嘴，也可让孩子嘴里含颗糖或喝点什么，这样也能减轻不适。

飞机在紊流出现时，顶箱上的重物很有可能会掉下来，砸到下面的乘客。所以最好不要在临近孩子座位的上方放置重物。飞机在飞行中，紊流随时都可能会发生。如果不系好安全带，怀中又抱着孩子，当紊流突然来临时，强大的冲力很可能会使妈妈压着孩子，或者把孩子摔在地上。所以登机就座后，首先应该做的就是系好安全带。正确的方法是将安全带拉平整，然后在自己身上系好，最后抱紧宝宝。

即便已经听过许多次安全须知，也要注意收听安全须知，阅读放在座椅背后口袋中的安全资料卡，还要搞明白紧急出口的所在地。因为不同机型有不同的布局，入座后要观察清楚周边环境，找到紧急出口。有时，最近的出口可能就在自己的座位后面。这些常识性的东西有可能在关键时刻为自己和孩子的生命提供重要的安全保障。

如果孩子是带病出行，除了带好必要的药品外，上飞机前还要把孩子的情况通知空姐，以便她们做好准备。

忌忽视女婴外阴卫生

女婴的阴道属于外生殖器官，其上端与子宫、输卵管相连直通腹腔，下端则与外界直接相通；阴道的开口处前方是尿道口，后方是肛门。阴道外面两侧的小阴唇经常合拢关闭，阴道前后壁又紧贴在一起，形成了自然的防御屏障，在解剖和生理上都有独特的防御结构和功能。

阴道本身有一种自净能力，这是因为阴道上皮细胞内含有丰富糖原，这种糖原由寄生在阴道内的阴道杆菌的分解而生成乳酸，乳酸使阴道内成酸性环境，可防止许多致病菌的繁殖。但是阴道总是藏在内裤或者尿布制造的黑暗环境中，容易受大小便残留的液体、残渣污染，所以女宝宝阴部光靠自净显然是不够的。

宝宝便后，妈妈一定要记得及时更换尿布。尿道的开口处直接与内部器官相通，尿液的残留成分会刺激宝宝皮肤，容易患尿布皮炎。如遇红臀现象，可擦柔和的婴儿护臀霜。

妈妈在给婴儿清洁前，应注意手部的卫生，避免污染外阴。清洗女婴的阴部，要注意顺序，要从上到下、从前到后清洁。只要用软毛巾轻轻清洗外部阴道口就好了，千万不要洗里面。洗过以后要及时擦干水分，让阴部保持干净清爽。

内裤的选择，应该是吸收力强的、透气的、棉质的、宽松舒适的。尽早给女婴穿满裆裤，尽量避免外界细菌和阴部接触。

忌忽视对男婴外生殖器的保护

男婴的生殖器官也有大小差异，个头儿小不一定是病态，更不能给雄性激素治疗。

因为男婴体内雄性激素水平很低，到青春期才会增高，无故给以雄性激素刺激，无疑是“拔苗助长”，会造成畸形发育。

男婴睾丸内产生精子和雄激素的组织结构尚未发育完全，抗病能力也较弱，一旦遭受损伤，会影响成年后的生育能力。所以，父母不要抱孩子到有物理辐射、放射线及有害化学物质等污染的地区去，并应预防各种微生物感染。

小儿阴茎包皮长而且外口较狭小，包皮内层的分泌物和尿液容易存在包皮内，使细菌在此处繁殖，发生感染。父母应经常为孩子清洗，将男婴包皮上翻，用清水冲洗龟头，以保持外阴卫生。排尿后若有湿，应擦干或洗净，并用专门的洗具，如盆、毛巾等。

尿不湿会对孩子的生殖器健康带来威胁，尤其是男孩，因为局部温度过高可能导致睾丸温度过高，影响他们的生殖器的生长发育，或导致尿道口发炎等问题。而使用尿布的家长一般都会及时观察孩子是否有大小便，并及时给孩子更换尿布。为了孩子的健康，最好白天给孩子用尿布，晚上再用尿不湿。此外，用尿布还能培养定时给宝宝把尿的习惯，有利于养成宝宝的排尿习惯。

宝宝不哭不闹就是"乖"吗

有的婴儿生来好动，手脚动个不停，甚至还经常哭闹；有的婴儿却表现得非常安静，既不哭也不吵，一逗引就会发笑，这是小儿个性气质的两种正常表现。不过有少数婴儿特别安静，整天一声不响，对周围环境无动于衷。与同月的婴儿相比，他们动作发育如抬头、坐、爬、站、走，语言发育如发声、牙牙学语等，以及认知发育如对亲人依恋、害怕陌生人等都有延迟。如果父母发现婴儿有上述情况，应及时去医院检查。

先天性甲状腺功能低下患儿出生后很少啼哭，经常处于反应低下状态，甚至饥饿、排尿前后都不哭闹。这种患儿的生长发育比正常婴儿要迟缓，尤其是身长比正常婴儿要少得多，动作发育如抬头、坐、站均比正常婴儿慢，认人、讲话等也较落后。如果能在生后1个月内确诊，经过正规治疗，不会影响以后体格及智能的发育。

一些中度和重度智能迟缓婴儿，在婴儿期就表现得异常安静，且各方面的发育明显落后于正常小儿。

21-三体综合征患儿平时不哭不闹，饥饿、大小便也不吵，以后出现各种能力的发育迟缓，智能低下。多数患儿在出生时可见特殊面容：眼距宽、眼裂小、两眼外侧上斜、舌头常伸出口外、鼻梁塌、耳朵小、头围也较正常婴儿小。

所以，婴儿特别乖不一定是好事。一旦父母发现婴儿特别乖、特别安静，应去医院进行发育测试，以便明确诊断、早期治疗。父母应当面对现实，在医务人员的指导下，根据儿童的发育进程，在日常生活和游戏中，手把手地训练、引导孩子，或通过摆弄实物、看图片等，让孩子学习各种技能。

步态异常多是病

专家特别提示家长们，在日常生活中应仔细观察幼儿的行走步态，若发现异常，应及早到医院诊断，因为幼儿步态异常往往是疾病所致。

◎ 鸭行步态。行走时挺腰凸肚，臀部左右摇摆如鸭行状。这是进行性营养不良的表现，也可见于佝偻病、先天性髋关节脱位。

◎ 剪刀步态。双腿僵硬，两脚向内交叉，膝部靠近似剪刀样、行走步态小而慢，常足尖踏地而行似跳芭蕾舞。见于双侧大脑或脊髓的病变，如脑性瘫痪或家族性痉挛性截瘫。

◎ 公鸡步态。站立时两大腿靠近，小腿略分开，双足似足尖站立、行走时像跳芭蕾舞样足尖步行。见于脊髓病变，如炎症、截瘫等。

读懂6个月以内宝宝的体态语

婴儿在学会说话以前，有着丰富多彩的体态语。体态语包括面部表情和体态动作。科学家曾饶有兴致地研究过数千名婴儿，发现婴儿的面部表情和身体动作的变化，并非出于偶然，而是具有心理活动的意义。

◎ 婴儿的哭声是最初的心理语言。由于6个月前的婴儿不能用语言和动作来表达自己的需要和意愿，因此，啼哭是与情绪、感觉以及生理需求联系在一起的，作为一种表达方式用来表示他的身体状态和各种意愿，以引起父母的注意，达到满足他各种生理和心理需求的目的。

◎ 宝宝瘪起小嘴，好像受到委屈，这是啼哭的先兆，接着就是小声到大声的啼哭，这种表情和哭声其实是向成人诉说着他的需求。譬如，肚子饿了要吃奶，寂寞了要人逗乐，厌烦了要大人抱起来换个环境或改变一种姿势。这时，细心的父母会观察到宝宝不同的哭声，揣摩出宝宝的要求，适时或及时地满足他的需要。喂他吃奶，和他逗乐，抱他到室外观看，或让他俯卧、扶他坐起来、爬一爬，改变他仰卧久睡的姿势等。

◎ 宝宝出生后就能发出“自发性的微笑”，这是一种本能的情绪活动，也是身体舒适的反应。2个月后，宝宝喜欢母亲的爱抚、父亲的逗乐，得到满足后就会手舞足蹈，表现出兴奋和愉快的情绪，出现“社会性的微笑”。这种反应就是一种初步的交际形式。

◎ 宝宝笑的形态是突然发出的，短暂而快速，口角牵动，笑容骤现，同时伴随着满目发光，两手晃动，舒展着魅力，接着笑容立即停止，等候大人的鼓励。这时，妈妈应该笑脸相迎，用手轻轻抚摸宝宝的面颊，或在其面、额部亲吻一下，以示鼓励。这时，宝宝还会以微笑对父母的行为表示满意。婴儿的笑对其身心发展极为有利。

◎ 男婴通常以撅嘴来表示小便，女婴多以咧嘴或上唇紧合下唇来表示小便。父母若能及时观察到婴儿的嘴型变化和小便时的表情，就能摸清婴儿小便的规律，从而加以引导，有利于逐步培养宝宝的自控能力和良好习惯。

◎ 红脸横眉，是大便的信号。宝宝先是眉筋突暴，然后脸部发红，目光发呆，有明显的“内急”反应，这是大便的信号。

◎ 健康婴儿的眼睛总是明亮有神，转动灵活自如。若发现宝宝眼神黯然无光，呆滞少神，很可能是他身体不适，有疾病的先兆。这时，父母要特别细心地注意宝宝，发现疑问及时去医院检查，及早采取措施。

◎ 大多数宝宝在吃饱喝足、换干净尿布，而且还没有睡意时，会自得其乐地玩弄自己的嘴唇和舌头，吐气泡、吮手指等，这时，他喜欢独自长时间的玩，大人不要去干扰他。

读懂6～12个月宝宝的体态语

6个月以后的婴儿，由于感知能力和动作能力的发展与增强，除了用面部表情代替语言来表示自己的意愿之外，还会伴以各种动作和形态的体态语来表达自己的思想感情。随着月龄的增长，宝宝还会有不同的表现。

◎ 6个月的婴儿，会张开双臂，扑向亲人，要求搂抱、亲热；若陌生人想要抱他，则转头将脸避开，表示不愿与陌生人交往。

◎ 7～8个月的婴儿，会以拍手和笑脸表示高兴；接受喜爱的糖果时，在父母教导下会以“点头”表示谢谢；对不爱吃的食物会避开脸，并以“摇头”表示不喜欢。

◎ 9～10个月的婴儿，会用手指出他希望去的地方和方向，或用小手拍拍头，表示要求大人给他戴帽子带他出去。

◎ 11～12个月的婴儿，除了以面部表情和动作来等身体语言来做表示外，还会伴以各种声音，比如“嘟嘟”声(表示汽车)，“呷呷”声(表示小鸭)，以及用简单的单词音来表示自己的意愿。

总之，在1岁以内有成百上千的信息是通过体态语向父母传递的，而且每个婴儿的传递方式也各有差异，父母应细心观察，了解他们的心理需要，加强心灵之间的沟通，以利于婴儿的健康成长。

怎样促进宝宝的语言发育

语言是表达思想、观念的心理过程。语言发育的重要时期是第9～24月，而良好听力和环境的促进是语言发育的重要条件。

语言能力包括理解和表达两方面。文字、声音、视觉信号及手势，都属语言范畴。小儿语言是随着大脑的发育和社会生活的丰富而发生发展的。小儿口语的发育，经过叫喊、咿呀发音和说话三个阶段。先理解而后表达，先学发音而后能用词和句。因此，从出生1～2月就应对他说话。如换尿布时，打开尿布后，先拍拍腿，笑着说："伸伸腿，妈妈换尿布"。喂奶的时候说："宝宝饿了来吃奶"。3个月可对孩子进行发音训练，如反复对孩子发"啊、啊"的音。6个月反复对孩子发"爸爸、妈妈"的音。指着有色彩的图片或玩具或用具说："这是猫"，"这是小狗"，"这是你的奶瓶"，多创造听、看、摸的机会。通过声音、形状、颜色的刺激，训练孩子的视听能力，和大脑反应的灵活性。在生活中孩子经历的每一件事，都可向他讲述这是在做什么，如穿衣、睡觉、开门、关门等。

孩子1岁以后出现模仿父母的发音，可教孩子学小动物叫，对孩子读儿歌、讲图画、讲书。当孩子出现准确的发音时，要及时表扬肯定，使他感到愉快。两岁以后已经能同大人交谈，应教会识别身体各部分的名称，常用物品、玩具的名称。多讲故事，适当地看一些幼儿电视，这些语音与词义被联系储存在记忆之中，数量日渐增加，即为日后小孩使用的词汇。同时，与孩子做游戏，到户外玩耍等也是扩展孩子的视野，丰富词汇的好机会。促进小儿的语言发展要循序渐进，讲故事要有声，有吸引力、感染力，反复重复，强化记忆，才能使孩子对学语言产生兴趣。父母亲是孩子的语言发育的重要因素。对孩子不仅要多讲话，而且讲话的时候还要以亲切、爱抚的态度，生动、活泼、形象的描述，去激发孩子的愉快情绪和丰富的感情，储存优美的语言。

语言训练的过程，也是培养孩子良好素质的过程。语言表达和故事情节中，有爱心、友好、礼貌、合作的词汇；有理解人物和事物的道理；有自然、科学技术的奥秘；有修正错误和鼓励，这些对孩子都起着潜移默化的作用。

婴儿听音乐应有选择

研究表明：音乐可以陶冶一个人的性情，但婴儿如果经常听音乐却可能养成沉默孤僻的个性，还会丧失学习语言的能力。

大多数父母以为让婴儿长期倾听音乐，一方面可以安抚婴儿；另一方面可以养成婴儿成长以后的温和个性，但实际上反而延误了婴儿学习语言的时间。

一般婴儿在成长过程中产生学习语言或说话障碍，原因除疾病、精神异常及意外事件等因素外，就是与上述所说的长期倾听音乐有关。婴儿正当呀呀学语的年龄，却被父母安排每天长时间倾听音乐，因而丧失学习语言的环境，久而久之，婴儿甚至会失去学习语言及说话的兴趣，反而会养成沉默孤僻的个性。

婴儿不宜长时间听节奏明快、优美动听的立体声音乐。这是因为婴儿的听觉器官正处在发育阶段，鼓膜、中耳听骨以及内耳听觉细胞都很脆弱，对声波的敏感度很强，很容易发生听觉疲劳。尤其是婴儿带上立体声耳机收听音乐，由于音量较大、耳机闭塞外耳道口，立体声音乐进人耳道内没有丝毫的缓和与回旋的余地，直接刺激幼嫩的听觉器官，时间一长，就会使孩子的听力受影响，还会对孩子的身体造成危害。

收听立体声音乐或使用立体声耳机的孩子，年龄越小，听觉器官受到的危害也就越严重。

让宝宝多呼吸新鲜空气

多让孩子呼吸新鲜空气，极有益于孩子的生长发育和健康。有研究表明，室外温度8～10℃时，开窗通风30分钟，可使室内空气的细菌污染率降低40％。外界温度为3～9℃时，污染率降低65％。

很多家长生怕孩子受凉，总喜欢把孩子捂得严实，不让孩子出门，家中门窗紧闭，室内空气污浊，极不流通。长时间待在这种环境里，使机体抵抗力本来就不强的儿童抗病能力更加低下，各种呼吸道和消化道疾病乘虚而入，严重影响儿童健康。

家长要多带孩子到户外活动，呼吸新鲜空气。注意在夏季和春、秋季大部分时间，以及冬季无风晴朗的日子，经常给小儿居室开门开窗通风，如果外面风很大，也可先把小儿带到别的房间，再打开居室门窗换气，过一段时间再把小儿带入房间，以保持房间空气新鲜。

宜为小儿创造良好的居住环境

小儿的卧室内要保持空气新鲜、湿润。冬季每天应开窗通风2～3次，每次45分钟以上，其他季节应坚持开窗睡眠，以保证小儿睡眠过程中有足够的氧气。小儿睡眠时不要吹对流风，以防受凉。大人尽量不要在卧室内吸烟，否则污染空气。为了保持空气湿润，夏季可在地上洒些水，冬季在暖气上放一盆干净的水，均可起到湿润空气的作用。有条件的家庭可以使用空气加湿器。

冬天室内最好有取暖设备，以保证室温不至于太低。夏季也要采取一些降温措施，如用扇子、电扇、空调器等。但要注意不要将电扇直接对着小儿吹；空调的温度也不应定得过低。

小儿入睡前，室内灯光要调暗或把灯关上；电视机、音响的声音要放低，大人说话声音要轻，最好不要讲话。白天小儿午睡时应拉上窗帘。室内布置宜简单舒适，墙壁不要贴得花花绿绿的，这样不利于小儿睡眠。

3～4岁小儿如与成人同室，最好单独睡；有条件的家庭可以开始锻炼小儿与大人分室睡。小儿的被褥要干净，每周晒1次；床单、被罩每2周换洗1次。被子薄厚应根据气候有所变化。夏季用毛巾被，春秋可用薄棉被，冬天用较厚的棉被。枕头的高度应相当于小儿肩宽的1/3，过高将会影响脊柱的发育。

多带孩子看看绿色植物

自然界各种物体的颜色，对光线的吸收和反射水平是有差异的。如红色对光线反射是67%，黄色反射65%，绿色反射47%，青色反射36%。红色和黄色对光线反射比较强，容易产生刺眼的感觉。绿色和青色对光的吸收和反射的程度都比较适中，对人的神经系统、大脑皮质和视网膜都无不良的刺激反应。

据观测研究，青色、绿色的树木和草丛不仅能吸收强光中对眼睛有害的紫外线，还能减少强烈光线对眼睛产生的耀眼程度，使紧张的眼睛适当缓和。

因此，让孩子多看绿色的树木、草地和农作物，对眼睛大有益处。当然，让你的孩子更多地呼吸新鲜空气，多晒太阳，还能增强身体抵抗力，促进体内产生维生素D，预防佝偻病。

运动保健篇

YUN DONG BAO JIAN PIAN

看新生儿姿势和运动判健康

◎ 检查新生儿姿势及运动时要脱掉衣服，打开尿布，观察小儿安静及运动时的姿势，开始时不必立即触摸小儿身体，先用眼观察，注意左右是否对称。

◎ 正常足月儿安静时多为仰卧位，上下肢屈曲。将其放置呈仰卧位时颈部能贴近床面无空隙，如颈部伸肌张力增高时，颈部与床面之间有一三角形空隙。早产儿枕部相对较大，颈部与床面之间有一三角形空隙，不属异常。

◎ 新生儿仰卧位时，两大腿轻度外展，膝、髋和踝关节屈曲，如果是臀位分娩的新生儿两下肢常呈伸直位。当新生儿肌张力低下时，仰卧位双下肢屈曲外展，大腿外侧贴近床面，髋、膝及踝关节均可接触床面。上肢肘关节屈曲，两手放置于头两侧，手背贴近床面，手掌朝上。整个姿势像一只腹部朝天的青蛙。

◎ 正常新生儿俯卧位时，头歪向一侧，屈曲，膝关节屈曲在腹下，骨盆高抬。睡眠时手的姿势呈轻度握拳状，拇指放在其他手指之外，可有自发的张开及握拳动作，如果握拳很紧，拇指压在其他四指之内而且不能自发张开，属异常。如有角弓反张姿势属异常，面先露的小儿头常常后仰，但肌张力正常，不要误认为是角弓反张。如姿势左右不对称，要注意是否有偏瘫、肱骨骨折或臂丛神经损伤。

◎ 新生儿的运动包括自发的运动及被动的运动，前者是在没有给予外界刺激时出现的运动，如抽动、抖动、震颤等。被动运动如Moro反射、惊吓反射表现的动作。

◎ 观察新生儿运动时要注意两侧肢体运动的范围、力量是否对称，若明显不对称则有临床意义。

重视婴儿的“锻炼”

喜爱运动是婴幼儿的天性，婴儿降生的第一次啼哭，就是他来到世间运动的开始。

◎ 婴儿到了3个月，就已不满意襁褓环境了，会不停地手舞足蹈，这时父母应给他充分的“自由”。只要不着凉，就让孩子自己玩，他会自行停止的。

◎ 到了五六个月的时候，孩子会看见东西就抓。抓也是运动，但抓住了，就要往嘴里放，这是无意识的本能，因此孩子周围不要放置危险物品。再稍大一点儿，见东西就要推推、拉拉、不停地运动。这些动作都是肌肉群和内脏器官发育的需要，这时最忌限制其活动。

◎ 到了会走的时候，宝宝的“运动项目”复杂起来：忽而立，忽而坐，忽而这样，忽而那样，忽而爬到这里，忽而爬到那里，只要没睡着，就没有个安静的时候。

这时做父母的除了给幼儿创造一个安全的环境外，可以有意识地帮他做些简单体操，如握住他的前臂分别做上举、下放、侧手举、肩绕环等发展肩胛肌和胸部肌肉的运动。也可以双手握住孩子的两脚做举腿、屈腿及伸腿的运动，以增强下肢和腹部的肌肉。家长要有意识地教孩子举起小手抓挠，让他摆弄各种类型的玩具，用手触摸形形色色的物体。让孩子手拉竹竿，成人牵动竹做平举、上举、下蹲和跳跃等运动。切忌整天抱在怀里。

小孩愈运动，肌肉愈能够发展，各器官愈能协调，身体愈健壮。因此，针对宝宝的不同发育阶段，进行适当的锻炼。

宝宝宜做的大运动

大运动包括颈肌及腰肌的平衡能力以及爬、行走、跑、掷、跳等。

◎ 抬头。初生新生儿颈肌完全无力，在从仰卧位扶至坐位时颈肌仅有短暂的张力增高。检查从仰卧位扶起时的颈肌张力，3个月小儿头仍稍后垂，4个月时头、颈、躯干可维持在一个平面上。检查扶坐时的颈肌张力，2个月的婴儿扶坐时只能间歇的勉强地仰头，4个月时才基本上能自由抬头。在俯卧位，1个月宝宝的下颌能短暂地离开桌面抬起，2个月时头能经常保持在中线上，下颌可离开桌面呈45°，3个月时，下颌和肩部均可抬起离开桌面部与桌面达成45～90°，上肢可撑起支持部分体重，胸部离开桌面。4个月时胸部离开桌面，面部与桌面角度呈90°。

◎ 坐。新生儿扶至坐位时头完全下垂，1个月时，由于腰肌无力，扶坐时背脊形成半圆形；3个月坐时腰呈弧形抬头达数秒；4个月坐时头不再后垂，在坐位时摇晃躯体，头随之摇摆不定，这时背部仅在腰部出现弯曲；5个月依倚而坐时能直起腰部，头不再摇摆不定；6个月时拉其手能从仰卧位坐起，能自已用手向前撑着坐，可坐在婴儿车或有围栏的椅子上；7个月独坐，但有时两手向面前支撑；8个月不用手支撑可独坐；9个月能坐稳，往前方倾斜时能保持平衡而不倒；10～11个月，能坐得很稳，并能改变姿势，可由坐位改成俯卧位，或由俯卧位改成坐位；12个月在坐位时能左右旋转去取物而不跌倒。

◎ 爬。爬对小儿胸臂部发育及提早接触环境有帮助。新生儿俯卧位时反射性匍匐动作。俯卧位的小儿，1个月时在前庭扶正反射及上肢支撑反射的作用下，能以肘撑起身躯，并交替向前伸手试图抓取手不能及的物体，这是匍匐动作的开始；2个月时能在俯卧位交替踢腿。3～4个月时可用肘支撑上身达数分钟之久；7～9个月婴儿能用手支撑胸腹使身体离开床面，有时能在原地转动；8～9个月时能用上肢往前爬；一岁婴儿爬时可手膝并用，少数喜用手及足撑起全身爬或坐着滑动臀部向前移动；一岁半会爬台阶。

◎ 站立和行走。新生儿期可引出踏步反射，2～3个月时当扶至立位时，髋、膝关节弯曲；6个月当呈立位时，两下肢可支持其体重；7个月扶站时，小儿能高兴的蹦跳；9个月时可扶站；11个月可扶栏独脚站，或作蟹行，此时搀着两手能向前走；13个月能独走，但两下肢分开，基底很宽，每步的距离、大小、方向也不一致，肩部外展，肘弯曲；15个月能爬楼梯，可自己站起，站得很稳，绕物体转弯时还不灵活，行走时不能突然止步，可自己上下楼梯(每个台阶需先后用两只脚去踏)，能拾起地上的东西而自己不跌倒；2岁时步态较稳，但仍需眼的协调，2～3岁能跑，但不能迅速起步及停止，上台阶时可一步一个，能独脚站立数秒钟；4.5～5岁能快步奔跑，并伴有手臂的协调摆动。

◎ 跳。跳的动作从两足交替走下台阶为开始(约1.5岁时)，此时也能用一脚跨过低障碍物，2岁时能并跃下一级台阶，也能并足往前跳一步及原地跳跃。3岁时能用一脚跳过低降碍物。

宝宝学爬好处多多

婴儿9个月以后就开始学爬，但有的父母不让学爬，主要是担心在学爬时大人看护不周，孩子摔下床，摔坏了孩子，又怕脏。这种做法是错误的。

爬是婴儿运动发育的一个过程，孩子学会爬行，四肢的运动功能和全身的协调能力会得到充分的发展。孩子通过爬行，拓宽了视野，对外界事物接触得更多，有利于促进感知觉的发育，进而促进婴儿大脑的发育和智力发展。一般说来，会爬的孩子在这个年龄阶段，宝宝的运动协调能力和对外界事物的反应能力，比不会爬的孩子好得多。研究发现，“爬行”对脑的发育有极重要的意义。有专家在治疗脑损伤性哑和说话困难的患儿时，尝试用以“爬”为主的治疗方法，结果爬得越好，走得越好，学说话也越快，学东西和看、读的能力也越强。有些儿童出现阅读困难，多是因婴幼儿时期缺乏爬的环境和训练引起的。

所以，应提倡让孩子在自然发育过程中学习爬行，不可因为怕脏、怕摔而让孩子失去爬的机会。

科学养护经

练习爬的方法

定向爬　即婴儿趴着，把球具放在婴儿面前适当的地方，引导宝宝爬过去取。待婴儿快拿到时，再放远点。如果婴儿开始不会前进，大人可以用手掌抵住他的脚掌，帮助他前进。

自由爬　即整理一块宽敞干净的场地(水泥地应铺上棉毯或席)，拿开一切危险物和脏物，四处放一些玩具，任婴儿在地上抓玩。但必须在大人的视线内活动，以免意外。

转向爬　即先将有趣的玩具给他玩一会儿，然后将玩具当着他的面藏在婴儿的身后，引诱他转向爬。

婴儿学步应注意安全

8～10个月的宝宝是学步的关键时期，要有意地训练宝宝。如在围栏上方挂满他爱玩的玩具，宝宝会为了抓取玩具而扶着栏杆站起来，而且还会挪动脚步。经过多次锻炼后，宝宝一定能够站稳的，还可以塑造宝宝坚强独立的性格。10个月后，在站立的基础上，训练宝宝向前迈步。用双手扶着宝宝的腋下，让宝宝走；等他站稳，能够较稳地步行时，试着慢慢地放开手，让宝宝自己走。如果不放心，可以用一根很粗的带子裹着宝宝的腋下，牵拉着带子，以防宝宝摔倒。

宝宝刚学步，重心不平稳，大人应尽量清除孩子活动范围内的物品，如玩具、家中杂物、绳索、地毯等，以防受伤。移走有尖锐边、角的桌椅，橱柜及易碎物品。准备适当的鞋子，如无带鞋、塑料粘胶鞋、胶底鞋，防止孩子跌倒、滑倒。热菜、热汤绝对禁止放在桌边或孩子碰得到的地方，避免孩子因好奇酿成伤害。孩子因为好奇，有可能把手里的小东西塞进鼻孔、耳朵内，应时时注意。湿漉漉的地板，容易使人打滑、跌倒。地板干燥前，注意不要让孩子乱跑。孩子常喜欢爬上爬下或钻到桌椅下、柜子后，因此，这些地方也应注意，勿留有危险物品。

小儿宜做的细动作及适应性动作

细动作是指手指的精细操作，细动作需要视感知的协调。在描述及测验婴幼儿发育时，常把与适应环境有关的运动称为“适应性”发育，如抓取玩具、涂绘、叠方木等。把自理生活(如扣纽扣、系鞋带)及对人反应(如捏紧玩具不让夺走)中适用的细动作称为“个人-社会”发育。

新生儿时期可引出握持反射，持续2～3个月，握持反射消失后小儿才能有意识的握物。小儿上肢肌张力降低，才能开始手的捏弄动作。由于3～4个月小儿手眼不协调，故小儿常不能准确抓住近处的物体；5～6个月之前，腰、手不能协调，故不能弯腰抓取不能及的面前物体；6～7个月时，能弯腰伸手拿取较远处物体，并将物体在两手间互相传递；9个月时，小儿能随意放掉或扔掉手中物体；约15个月时，小儿能正确地将两块2.5厘米立方木块叠起来；2岁时，能叠6块，说明眼手协调已有进步。

小儿用手握物有一定的规律：①小儿先用小手指那边一侧的手掌握物，后用拇指一侧的手掌，再用手指；②先用中指对掌心一把抓，后用拇指对食指钳捏；③先能握物，后能主动放松。手的捏握动作可促进小儿发育，并能反应小儿的认识水平。

科学养护经

细动作的发育进程

1~4周　手常常握得很紧，抱坐时可挥臂试碰视力所及的物体。

1~3个月　看眼前或手中的物体。在3个月时，手经常呈张开姿势，可握住放于手中的长棒达数秒钟。

2~4个月　看见物体时全身乱动，并企图抓住，但判断不准，手常常伸过了物体，碰击桌上或悬挂着的物体，玩弄双手，交替看手及手中的物体。

4~5个月　能缓慢地将手伸向物体，主动握物，但动作不协调、不准确，常用双手去抓。

4~12个月　小儿把抓到的物品常放到嘴中。

5~8个月　用手掌握物。

6~9个月　用几个手指抓握，6个月后常喜触弄可变形、能发声及形状、颜色新鲜的物体；出现捏、敲等探索性活动。

9个月　可拇、食指对指取物，可放下或扔掉手中的物体。

12~15个月　可用匙取食，不再把东西放在口中，可几页几页地翻书。

婴儿宜做体操

婴儿从出生后两个月左右开始，由大人帮助做些简单的体操，有助于促进他们的身体发育。动作要领如下.

◎ 2～4个月，使婴儿习惯于四肢运动。婴儿平卧，先将其两上肢交叉伸屈，再将两下肢交叉伸屈。腿要尽量弯曲，而后伸直，最后两下肢同时伸屈。每一动作重复2～3次，以锻炼肩部及腿部的肌肉。

◎ 4～6个月，除四肢外，开始身体的运动。握住婴儿双脚，将其身体左右各翻转1次，刚开始，婴儿翻身尚不自如时，可手持其脚，一手扶其上身翻身。

◎ 6～8个月，为开始爬行、站立做准备运动。使婴儿仰卧、握手，然后缓慢抬起上身，使之坐起、躺下。重复2～3次，以锻炼颈肌和腹肌。

◎ 8～10个月，独自站立的准备运动。使婴儿俯卧，手持他的脚踝，待他两手撑地后，将两脚提起，再慢慢地放下。这样重复2～3次，以锻炼上身及腕部力量。

◎ 10～14个月，步行的准备运动。婴儿蹲着或跪着，拉双手，使他立起，这样蹲下、跪下重复2～3次，以锻炼其下肢肌肉。可强迫进行，并防止损伤婴儿筋骨；每日1～2次，每次体操时间以不使婴儿疲倦为原则，一般不超过2～3分钟；除患疾病等特殊情况外，一般不要间断锻炼，坚持才能取得效果。

宜训练婴儿手功能

手是人类重要的器官之一。随着婴幼儿的成长，手的功能也在不断发展。当婴儿出生后，虽然他还不会用手拿物，但会在你将手指头插入他手心时，紧紧地握住，即便你要缩回手指头，他的手也并不松开，我们管这种婴儿无意识的动作，叫做“握持反射”。这种反射是原始的，不必思考，也不需要训练，是每一个正常新生儿应该有的正常反射。如果在新生儿期，有一只手没有这种反射，或3个月后双手仍然没有这种反射，都属于不正常的现象，需要引起家长注意。

◎ 1个月以内的新生儿，手常常保持握拳的形状，有时也能张开。到了3个月的时候，手就不再紧握成拳，而是半张着，这时如果将花棱棒放在他的手背或手指前端，不用放到手掌里，他也可以去握住它，但时间不太长，有时只能握几秒钟。

◎ 4个月的婴儿，两只手能凑到一起玩，会玩自己的衣服，把衣服拉到脸上。还常常用手去抓身体周围的东西，但距离判断不准，手常常伸过了物体。这时，握花棱棒的时间比以前要长一些，而且会摇晃。

◎ 5个月的婴儿，能主动去拿物品，但动作不协调、不准确，能玩玩具，往往双手去拿，不论是什么东西，都愿意往嘴里放。

◎ 6个月的婴儿，能双手抱住奶瓶或单手握住，并用奶瓶喝水、喝奶，但这也靠训练方能掌握。当婴儿躺在床上时，会用手去玩弄自己的小脚。当面前有物品时，会用整个手掌去抓，开始时往往是用小手指那边一侧的手掌，逐渐才会用拇指一侧的手掌。当手中有一块积木时，此时如果你给他第二块，幼儿会扔掉手中的一块去接另一块。

◎ 10个月的婴儿，会用拇指和食指捏取东西，当接触一个物品时，婴儿会用食指先去碰一碰，并且会把手中的物品放在桌子上。当大人要婴儿手中玩具时，婴儿会把手伸给大人，但不会松手，等到1岁时，婴儿才学会松手这一动作。这个年龄的婴儿基本能坐得很稳，特别喜欢手脚忙个不停，如果你给他一盒积木，婴儿会拿出来、放进去，不断地翻腾。

◎ 1岁时喜欢把东西往地上扔，大人将东西拣起来，又扔到地上而且还表现出相当的高兴。

◎ 15个月的幼儿可以灵巧的用手搭起2～3块积木。

◎ 1岁半的幼儿可以灵巧地搭起3～4块积木的“高楼”。

上面介绍各年龄所掌握的技能是一个平均数，有的儿童早一些，有的晚一些。不能只根据某一项掌握得不好就说孩子不正常。

手的动作和其他器官的发育也有关系。如视觉不好，手的功能发育也慢。手的功能发育和训练也有密切关系。

手不仅是运动器官，而且有着丰富的触觉。因此，应尽量让手多接触外界，可以买不同质地的玩具，软的、硬的、有弹性的和不同形状的玩具，让婴幼儿在触摸、拿握的过程中，感觉多种刺激，以利于脑细胞及神经系统的发育。

从小就要多训练手的功能。大人不要因为婴幼儿自己动手做事慢，而减少孩子锻炼的机会。选择玩具时，也要注意是否对手的发育有利。电动玩具不如能拼装拆卸的玩具，“翻绳”、“折纸”、小钢琴、橡皮泥等活动，对手指尖末梢神经都有良好的刺激，可以更有效地促进幼儿的智力发育。

婴幼儿宜选择的游戏

游戏是孩子体育启蒙的第一课，游戏可使孩子聪明伶俐、身体健康。游戏的目的不仅在于增强体力，使孩子们的四肢得以均衡使用，从而有效地弥补孩子们在日常生活中因为单一的活动对大脑的不均衡刺激，促使大脑发育。尤其是在婴幼儿快速生长时期就更为有利，将使孩子终身受益。

◎ 娱乐性、趣味性、模仿性强的游戏。培养参加体育运动的兴趣、激发经常锻炼的积极性、养成体育卫生习惯，可选择模仿各种动物行走的游戏，如兔跳、螃蟹行、蚯蚓爬、狗跑、鸭步。

◎ 适合此年龄段孩子身心特点的游戏。婴幼儿大脑皮质中兴奋过程占优势，并易于扩散和转移，情绪波动大，心理状态不稳定，如贪玩、好动、注意力及易分散、理解能力差，因此，应选择动作简单、节奏明显和说、唱、领、动相结合的游戏。

◎ 集体性游戏。婴幼儿从整天围着家长转逐渐发展到对同龄儿童表现出强烈的兴趣，集体性游戏可促使他们要考虑自己与他人的关系，学会如何更好地与同伴协作。可选择传递球游戏、接力游戏、追逐游戏、攻防游戏等。

◎ 选择多种器官共同作用、共同完成的身体活动游戏。1～6岁是幼儿感觉运动发展的最佳时期，此时有目的、有计划的发展幼儿的感觉和运动，不仅对大脑是良好的刺激，且能提高大脑对全身各器官系统的支配能力，还能促进运动神经的发展。其中1～3岁可选择眼、手协调的游戏，如投水平目标、投垂直目标、手指体操、捏橡皮泥等；

眼、脚协调的游戏，如踢定点球、踢滚动球、踢球打目标等；听觉游戏，对语言、音乐等刺激做出反应等；本体感觉游戏，如侧滚、驮物爬、两腿两足夹物走、拍球等。

忌让婴儿超前锻炼

有一些性急的年轻父母，他们总嫌孩子长得太慢，当孩子还不会爬时，就训练他们站；当孩子还站不稳时又训练他们走，这无疑是拔苗助长，其害无穷。

孩子的生长发育，像自然界的一切事物一样，有其一定的客观规律性。一般生后3个月可俯卧时用手臂支撑并抬头，4～6个月时会翻身，7～8个月时会爬，1周岁时才会站立或独立行走，帮助孩子锻炼，应按此规律。

婴幼期的骨骼与成人不同，其胶质多，因而容易变形。婴幼儿过早学坐，可影响脊柱发育，引起驼背畸形；过早学站，会引起臀部后凸，即翘屁股；过早行走，可引起下肢畸形，出现罗圈腿;或因足弓不堪重负，时间长了，形成扁平足。所以，切莫让婴幼儿“超前锻炼”。有人听说软骨病（佝偻病）的孩子走路迟，于是认为早一些让孩子走路就可以预防这种病。其实，软骨病是由于体内缺少维生素D和钙质引起的，适当晒太阳，注意多吃些含钙质丰富的食物，或服用鱼肝油和钙片，就可以达到防治的目的。患软骨病的孩子，骨质更软，提前站立行走，更容易引起畸形，对这些孩子要避免多坐，多站、多走。

还要提出的是，尽管年龄、月份相同，由于孩子所处的环境、抚养方式等不同，有的孩子发育快些，有的则慢些，而且冬季出生的婴儿较夏季出生的婴儿走路也要推迟一些，父母大可不必为此担忧。对于智力、骨骼和肌肉发育正常的婴幼儿，只要经常户外活动，到一定的年龄自然会坐、会走。当然，如果动作发育与正常孩子相差太多的话，例如1岁半还不会走，要注意是否有发育问题，应去医院检查。

疾病护理保健篇

JI BING HU LI BAO JIAN PIAN

新生儿发热如何护理

新生儿发热主要是由于新生儿的体温调节中枢尚不完善，尤其初生儿的体温很不恒定，故容易在许多情况下出现发热。

正常新生儿的肛温(直肠温度)在36.2～37.8℃之间，腋下温度(腋温)较肛温低，在36～37℃间，当体温超过此范围时，就算发热了。新生儿，尤其初生儿和早产儿比其他年龄小儿更易出现体温升高。这是由于新生儿的汗腺组织发育不完善，对热反应强度低下。早产儿汗腺功能更差，几乎不出汗。所以，当周围环境温度升高时，就容易发热了。

一般说来，在闷热的夏季出生的新生儿，如果室内温度接近30℃，或给过多的保温措施，如包裹过多时，常可导致新生儿发热，医学上称“新生儿脱水热”。此时，新生儿体温可高达39℃以上，表现为烦躁不安、哭闹不已、尿少、面赤，其他方面正常，在补充水分后，发热可自然消退。

因为新生儿体内含水量多，体表面积相对大，在夏天气温高时，丢失水分多，再加上母亲在生后头几天奶少，容易发生“脱水”现象而引起“脱水热”。因此，小儿居室的室温不要过高，新生儿如已包裹或穿衣，室温最好在22～25℃为宜，如果房间温度过高，应设法降低。夏季门窗不应紧闭，不应捂得太严。母乳尚不充足前，可在两次喂奶间补加20～30毫升的温白开水或5%葡萄糖水。

对各种新生儿疾病引起的发热，均应以物理降温为主。如因室温过高(高于28℃)或包被过多，则应降低室温、减少包被，以利散热降温。常用的物理降温法为头部枕冷水袋。当体温超过39℃时可用温水擦浴，水温33～35℃，擦浴部位为前额、四肢、腹股沟及腋下，忌用酒精擦浴，防止体温急剧下降，甚至低于正常体温，反而造成不良后果。各种退热药对新生儿易产生毒性作用。

新生儿一旦发生了脱水热，轻者喂哺温开水或5%葡萄糖水，每2小时1次，每次10～15毫升，可自然退热。如不能退热或有其他症状出现，需立即送孩子去医院静脉补液。

新生儿发热补充水分后不见好转或有其他表现，应注意孩子是否有围产期细菌或病毒感染性疾病，如新生儿败血症、化脓性脑膜炎、肺炎、肠炎以及呼吸道或肠道病毒感染等。特别是当母亲有感染性疾病或分娩过程中有胎盘、羊水感染均可致新生儿患出生前感染，先后数日内出现发热，此时应立即去医院诊治，不能延误。

科学养护经

婴儿发生脱水时禁用哪些药物

婴儿发生脱水热时，要注意的是严禁喂小儿氨酚匹林片、阿司匹林等。临床上常发现新生儿误服退热药而引起的新生儿青紫、贫血或出血症状，严重的可因颅内出血而死亡。

新生儿头颅血肿忌挤压摩揉

新生儿头颅血肿是怎么形成的？正常胎位时，胎儿的头朝下先进入骨盆，临产后子宫强力收缩，胎儿下降。胎儿在通过产道过程中，胎头受到挤压，为顺利娩出，胎头颅骨会互相重叠，改变形态而缩小。倘若产妇的骨盆太窄，与胎儿大小太不相称，则胎头会受压过大，变形过甚，或者骨盆正常而子宫收缩力太强，产程很短，使胎头被迅速逼出阴道。在上述情况下胎头突然从高压下释放，就可能造成头颅骨骨膜下血管破裂而内出血，血液集聚形成血肿，即是新生儿头颅血肿。除上述原因外，剖宫产损伤、胎头负压吸引助产、产钳助产等人为损伤，也有可能引起胎头头颅血肿。

新生儿的头颅血肿多数在出生时就有了，但也有少数在出生几天以后才显现出来。血肿部位以头顶部为多。头颅血肿的边缘很清晰，外边不超过骨缝，表面皮肤没有出血等损伤，用手指去压迫也不像水肿那样会出现凹陷，却有一种波动的感觉。

头颅血肿出血主要是骨膜下血管破裂，血液并不流进大脑，故危险性不大，一般不需要特别治疗，在3～4个星期后会自行消散和吸收。但是，在护理中要注意头皮清洁和切忌挤压摩揉，否则有可能使血肿继续增大，或造成感染。如果血肿被碰破而化脓就十分危险了，有发展为败血症的可能。这时，就必须去医院手术切开排脓和采取进一步的措施。

新生儿皮脂硬化症如何护理

新生儿皮脂硬化症是新生儿期较常见的一种疾病，尤其是在冬季早产儿、出生低体重儿得这种病的最多，通常发生在生后保暖不好、喂养不足或生后1周内患病的新生儿。患儿表现为皮肤和皮下脂肪发硬，兼有水肿，患儿常死于肺出血及弥散性血管内凝血。

本病病因尚未完全清楚，现多认为新生儿体温调节和代谢功能未完善，体表面积大，皮肤薄，血管丰富易于散热，因而体温偏低，未成熟儿更是如此。新生儿皮下脂肪含软脂酸较多，熔点较高，低温时易凝固而变硬。保暖不当及新生儿感染性疾病与本病也有一定关系。

新生儿得了这种病，多表现为“五不”或“五少”症。“五不”指不吃、不哭、不动、体温不升、体重不增。“五少”指少吃、少哭、少动、体重增长少、体温增高少。本病常发生在出生后1周内，常系早产儿，以寒冷季节为多见，常有摄食过少、保暖不当等病史，以致热量产生与消耗失调。患儿体温在31～35℃左右，皮下脂肪凝固，皮肤发硬呈暗红色，甚至青紫、苍白，兼有水肿，硬肿由两下肢渐向臀部、躯干、面颊部发展。患儿活动少，哭声渐低，严重者影响呼吸及吸吮，导致低血糖、酸中毒、循环衰竭，患儿常死于弥散性血管内凝血及肺出血。新生儿皮脂硬化症常伴感染，感染又加重其症状。

新生儿皮脂硬化症在治疗上，首要一点即是复温。室内温度应保持在26～28℃。用棉被包裹身体，外面放热水袋，水温由40℃逐渐增加到60℃。重症患儿应放入暖箱中复温。复温时要使体温逐渐上升，切勿使体温上升过快，可用体温计每小时测肛温一次。如硬肿的部位为双小腿，大约为10%的面积，体温在34～35℃，室温24℃时，半小时后如上升0.5℃，可加热水袋保温，热水袋的温度，由50℃左右逐渐增至70℃左右。只要在12～24小时内体温能上升至正常，大多数是可救活的。此外，应及时给患儿静脉输入葡萄糖和能量合剂，补充维生素C、维生素K、维生素E等。还应注意改善微循环，纠正酸中毒，抗感染及止血等。复温至34℃，才能开始乳类喂养，吸吮力弱可用滴管喂奶或鼻饲，吞咽功能逐渐恢复后可用小奶孔、软奶嘴试喂，无青紫发憋可逐渐增加奶量。患儿因硬肿肢体活动受限，要给患儿勤翻身，以防局部压伤。复温后体温应维持在36～37℃之间，继续注意保护患儿，保暖、喂养、预防感染，避免复发。

此症的预防首先要做好围产期保健，加强产前检查，防治妊娠高血压综合征，预防早产、出产低体重儿和产伤。其次，在冬季要做好产妇的保暖防寒工作，尤其是在寒冷地区更要引起注意。室内温度一般应保持在25℃以上，早产儿则不应低于30℃。新生儿要包裹好，注意喂养，补充热量及水分，增强孩子的抗寒能力，防止感染。同时，鼓励早期给新生儿喂母乳，以保证足够的热量供给。另外，妈妈应学会检查出生1周内小儿的皮下脂肪的软硬程度，以便早期发现硬肿，及时治疗。

新生儿败血症如何护理

新生儿败血症是新生儿时期常见的严重细菌感染性疾病，是由于细菌侵入血循环，并在血液中生长、繁殖，产生毒素而引起的。发病率及死亡率均较高，如能及早进行积极的抗感染治疗是可以治愈的。

引发新生儿败血症的原因有：①新生儿的皮肤、黏膜薄嫩，容易破损，未愈合的脐部是细菌入侵的门户，更主要的是新生儿免疫功能低下，感染不易局限，当细菌从皮肤、黏膜进入血液循环后，极易向全身扩散而致败血症；②妈妈怀孕期间患感染性疾病时，某些细菌及其毒素，可以通过胎盘传染给胎儿，这种情况新生儿多于出生后48小时内发病；③胎儿娩出时，由于母体羊膜早破、羊水污染、产程延长、助产过程消毒不严等，均可增加感染机会，而致新生儿败血症；④新生儿反应能力低下，某些局部感染未被及时发现，如脐炎、口腔炎、皮肤小脓疱、脓头痱子、眼睑炎等，这些局部感染均可成为病灶，并可能发展为败血症。

患儿可表现为原有黄疸加重，体温不恒定，多数发热，但有时体温正常或不升。常有呕吐、厌食、腹泻，烦躁或嗜睡，哭闹不安甚至惊厥。早产儿可表现面色发灰、全身虚弱、吸吮无力、哭声低微，对各种刺激都呈反应低下状态。

要注意围产期保健，积极防治孕妇感染，以防胎儿宫内感染。在分娩过程中应严格执行无菌操作，对产房环境、抢救设备及复苏器械等要严格消毒。对于早期破水、产程太长、宫内窒息的新生儿，应在其出生后进行预防性治疗。做好新生儿护理工作，应特别注意保护好皮肤、黏膜、脐部免受感染或损伤。

在护理新生儿时，要细心观察孩子的吃、睡、动等方面有无异常表现，尽可能及早发现轻微的感染病灶，及时处理，以免感染扩散。

新生儿肺炎如何护理

新生儿肺炎是新生儿时期最常见的一种严重呼吸道感染疾病。由于新生儿呼吸道防御机能差，因而容易发病。新生儿肺炎以弥漫性肺部病变及不典型的临床表现为特点，因而常易被忽略或误诊。

新生儿大脑皮质对呼吸中枢的调节功能差，吞咽动作不协调，羊水、胎粪、乳汁等易吸入肺内，有严重消化道畸形的患儿，如先天性食道闭锁、严重兔唇裂腭等更易发生误吸。新生儿气管短、管腔内较干燥，其纤毛清除细菌、尘埃的能力差，细菌易下行进入肺部。新生儿肺组织的分化不够完善，肺泡数量少，肺血管相对地丰富，易充血，发生炎症。加之新生儿免疫功能低下易受病原体的侵犯，如果母亲产前患感染性疾病，病原体可通过胎盘引起胎儿感染，其症状常在产后24小时以内出现。因滞产、胎膜早破、多次阴道检查等而致的产时感染，常使胎儿发生窘迫，以致吸入污染的羊水或阴道分泌物而引起新生儿肺炎。也可由出生后保暖不当、或曾与患呼吸道感染者接触，先发生上呼吸道感染然后向下蔓延而成为肺炎。此外，也可是败血症的局部表现。

新生儿肺炎发病率高，常以弥漫性肺炎病变及不典型的临床表现为特点。主要临床表现为口吐白沫、精神萎靡、吃奶呛、不吃奶，有时烦躁不安、呕吐、面色青灰或苍白、鼻翼煽动、闭口吸气、点头呼吸或呼吸不规则甚至暂停。一般可能不发热、微热或体温过低。可不咳嗽，甚至没有婴幼儿支气管肺炎的普通表现，如呻吟、呼吸困难等，故常不易被早期发现。

新生儿肺炎可分为吸入性肺炎和感染性肺炎两大类，也可同时并存。常见病原菌为大肠杆菌、金黄色葡萄球菌和白色葡萄球菌、肺炎球菌等。①吸入性肺炎：胎儿在子宫内，或分娩过程中吸入羊水、胎粪或产道分泌物，或出生后吸入乳汁等引起，并常继发感染。②感染性肺炎：产前感染(在母体内)常由大肠杆菌、厌氧菌、溶血性链球菌及病毒(巨细胞病毒、风疹病毒)引起。

新生儿肺炎的治疗：①体温不升者应保温；②细心喂养；③面色苍白或青紫、呼吸困难者应给吸氧；④静脉注射抗生素，疗程一般为10～15天。金黄色葡萄球菌肺炎如果治疗不当，易合并脓气胸而预后不佳。

家庭护理的内容很多，主要包括以下几个方面

◎ 室内要空气新鲜，阳光充足，每天通风2～8次，每次10～30分钟，避免对流风，室温应保持在22～25℃，冬季取暖要防空气干燥，可在炉子上放开水壶调节湿度。室内切勿吸烟。

◎ 减少亲友探望，特别是有呼吸道感染的人，不要进入患儿的居室。

◎ 选用小孔奶嘴喂奶，如吸奶时口周发青，可稍休息一下再喂，或改用小勺喂。喂奶后将患儿抱起伏肩上拍拍背，排出患儿腹内积气，以免呕吐。

◎ 冬天取暖可使患儿两鼻孔容易被鼻痂堵塞，使呼吸不畅，要注意小儿鼻腔内有无干痂，如有可用棉签蘸水后轻轻取出，以解决因鼻腔阻塞而引起的呼吸不畅。

◎ 发热至39℃以上时可用物理降温，用凉水袋置头部，也可用凉水毛巾敷额部。给患儿饮水也可以调节体温。用温水给患儿洗洗臀部及下肢，也可以增加散热，使体温降

至正常。患儿如面色黯淡，不吃奶，睡觉时间较明显延长，口周发青等，就要去医院诊治，必要时要吸氧和静脉输液给药。

新生儿黄疸如何护理

新生儿黄疸是指在新生儿出生后28天内，由于胆红素代谢异常引起血中胆红素水平异常增高而导致皮肤、巩膜、黏膜黄染的临床现象，也叫新生儿高胆红素血症。很多原因可以引起新生儿黄疸，而且病情程度轻重不一，严重者可以发生胆红素脑病(核黄疸)，遗留神经系统后遗症。所谓核黄疸，是指新生儿由于溶血等原因，造成体内未结合胆红素大量增加，当达到342微摩尔/升的浓度时，即可有大量脂溶性的未结合胆红素通过血脑屏障，进入富有脑磷脂的脑组织，使脑细胞线粒体的氧化磷酸化作用发生障碍，导致脑细胞因能量产生不足而变性坏死，其中以大脑基底神经节、下丘脑及第四脑室底部黄染最明显，故称为核黄疸。

胎儿在母亲子宫内，由于骨髓发育、造血器官功能和机体对氧代谢的需要，使得血液中红细胞数量较多。出生以后，由于肺呼吸的建立和循环模式的改变，使原来那么多的红细胞显得多余了，加之胎儿红细胞的寿命较短，就造成了出生后短时间内红细胞的过多破坏。在红细胞破坏以后，其中的血红蛋白就有一部分变成了胆红素。胆红素在血清中的数量增多就会造成巩膜、皮肤发黄，这就是“黄疸”。另外，新生儿血清中白蛋白较少，肝功能尚未发育成熟，不能及时清除多余的胆红素，也会形成新生儿黄疸。一般都在出生2～3天以后出现，多数在生后7～10天消失。这种黄疸往往出现在婴儿的面、颈及躯干，很少出现在四肢及手心、足心处。如果新生儿发生这种类型的生理性黄疸，则是不要紧的，也不会造成智力发育落后。

新生儿期黄疸有生理性与病理性之分。生理性黄疸是指正常新生儿于生后2～3天出现黄疸，4～6天黄疸最重，足月新生儿生后10～14天黄疸消退，早产儿黄疸消退生后3周才消退，小儿一般情况良好。生理性黄疸是由于：①新生儿在母亲体内处于低氧环境，刺激红细胞生成过多，而且红细胞不成熟，容易被破坏，使新生儿胆红素来源增多；②肝脏对胆红素的代谢能力不足；③新生儿胆红素的排泄能力差等因素引起的。生理性黄疸为新生儿生理状态，是一个自限的过程，不需要治疗。与生理性黄疸相对应的是病理性黄疸。如果出现下列情况之一时要考虑为病理性黄疸：①黄疸出现过早，常在生后24小时内出现黄疸；②黄疸进展快，每天血清胆红素浓度上升大于85微摩尔/升；③足月儿血清胆红素浓度大于220微摩尔/升，早产儿大于255微摩尔/升，血清结合胆红素浓度大于34微摩尔/升；④黄疸持续时间长，足月儿生后2周末，早产儿生后4周肉眼仍可见到黄疸，或黄疸消退后而再次出现或黄疸进行性加重。很多原因可以引起病理性黄疸，如新生儿溶血病、新生儿败血症、新生儿肝炎、母乳性黄疸、先天胆道闭锁等。

应引起父母的重视新生儿黄疸：①黄疸出现过早，如生后1～2天内甚至一生下就有，这往往是严重疾病(如溶血病)的表现；②要注意新生儿黄疸的程度，如果黄疸遍及全身，包括手足心也明显发黄，可能是血清中胆红素水平已超过生理性黄疸的水平；③持续时间过长，超过2周以上多数为病理性黄疸，由多种疾病(包括溶血、肝病、败血症、胆道疾病、胆红素脑病等)所致；④要注意新生儿的大便颜色是否发白，如大便呈灰白色，则黄疸多数为肝–胆疾病所致；⑤新生儿出现黄疸以后，同时不肯吃奶，哭声轻而音调低，哭吵不安或不哭，或者出现气急、抽搐。凡此种种，都应立即送医院检查、诊治。虽然有些新生儿(如早产儿)以及母乳喂养儿都有可能发生黄疸持续时间较长的情况，但当家长不能肯定原因时，要去医院诊治。

在大多数情况下，新生儿生理性黄疸是不可避免的，若能落实保健措施，可使孩子安然度过。最简单的办法是尽早喂新生儿，尤其是母乳喂养。同时应注意不让新生儿饥饿，以免造成低血糖。另外，在秋冬季节还应注意新生儿的保暖。

应注意观察新生儿呕吐

新生儿多数容易发生呕吐，但呕吐可分为溢奶呕吐和病理性呕吐。前者无须治疗，注意喂奶的科学性就可以了。后者则会有多种病理性原因，不可掉以轻心。

溢奶最常见，其实溢奶不能算呕吐。因为呕吐是指消化道或其他脏器受到某些刺激而引起一种神经反射性动作，呕吐时的奶水常是呈喷射状涌出来，而溢奶为奶水从嘴边溢出。

新生儿溢奶性呕吐的原因：孩子胃的容量较小，呈水平位，而且胃的入口贲门括约肌发育较差，但出口的幽门括约肌相对发育的较好，造成出口紧而入口松，好像一个袋子，奶水自然很容易返流回食道而引起呕吐。

常见引起呕吐的原因：喂奶次数过多；一次喂奶量过大；乳头过大或凹陷；奶瓶喂奶时橡胶奶嘴孔眼过大而造成吸奶过急、出奶过冲，小儿来不及下咽；或者喂奶姿势不当以及喂奶后平卧、婴儿喂奶后过多、过早翻动等，都会引起小儿呕吐，因此，只要在喂奶姿势、工具上加以注意，呕吐就会停止。

但若婴儿呕吐不是上述原因，就要特别注意，很可能是病理性呕吐，要及时发现，尽快诊治。比如，小儿每次喂奶后都立即发生呕吐，吐出物为奶和水，新生儿呈饥饿状态，这有可能患先天性食道闭锁；喂奶时边喂边吐，同时又呼吸困难，口唇紫绀，咳嗽、呛奶现象，要考虑食道闭锁气管瘘的可能，应马上停止喂奶，去医院作碘油造影检查；有的婴儿在喂奶后约半小时出现呕吐，吐出物为奶瓣。这说明可能是幽门处狭窄或痉挛；还有的小儿喂奶后2小时左右出现呕吐，吐出物为细小的奶瓣，并混有黄绿色液体，这表明十二指肠以下发生梗阻；若吐出物为奶瓣、胆汁及粪便混合物，还有明显的腹胀，则表示为肠梗阻或先天肛门闭锁；此外，小儿患肺炎、发热、颅内出血、尿毒症等也会呕吐，但都伴有疾病的其他症状。凡是特殊呕吐、喷射状呕吐都要重视，立即去医院诊治。

小儿呕吐仅是一种症状，而不是疾病的名称，所以发现小儿呕吐时，一定要细心观察分析，以求对症治疗。

新生儿呼吸窘迫综合征如何护理

新生儿呼吸窘迫综合征又称新生儿肺透明膜病，是指新生儿出生后不久出现进行性呼吸困难和青紫，病因至今未明，目前认为与肺泡表面活性物质缺乏有关。由于肺泡表面活性物质缺乏，肺泡失去了原有的稳定性。促使在肺泡、肺泡壁及细支气管壁上有嗜酸性的透明膜形成，影响了肺泡的功能。本病多见于早产儿、剖宫产儿，母亲孕期有糖尿病或妊娠高血压综合征的新生儿。

患儿出生时一般情况尚好，出生后1～3小时仅出现呼吸增快，12小时内出现进行性呼吸困难，患儿呻吟，青紫、呆钝、面部虚肿，吸气时出现三凹症(胸骨上窝、肋间及剑突下凹陷)，呼吸急促，可多至每分钟100次以上，体温上升，四肢厥冷。重症者48小时左右达高峰后逐渐陷入呼吸衰竭。部分病例经治疗后病情渐缓解，病程度过72小时者多可逐渐康复。

新生儿呼吸窘迫综合征宜及早诊断并及时采取综合措施。注意保暖，使体内耗氧量保持最低水平，室内或暖箱内湿度在60%～70%，给氧吸入并进行治疗。

新生儿破伤风如何护理

新生儿破伤风是破伤风杆菌通过脐带进入新生儿体内而引起的急性传染病，多在出生后4～6天内发病。新生儿破伤风发病的主要原因是接生时用未经严格消毒的剪刀剪断脐带，或接生者双手不洁，或出生后不注意脐部的清洁消毒，致使破伤风杆菌自脐部侵入所致。为消除新生儿破伤风，必须强化新法接生。

本病多发生在出生后4～6天，病初常有烦躁不安、哭闹，以后可出现吸奶不紧、牙关紧闭、抽搐、眼裂变小、面肌痉挛，及出现皱眉、举额、口角向外牵引、口唇皱缩、撅起成苦笑面容。颈部和躯干四肢肌肉痉挛，再现双手握拳、两臂强硬、头向后仰，呈角弓反张状。严重者呼吸肌痉挛，出现口唇青紫，甚至窒息。而且任何轻微刺激，如声音、光亮、震动都能引起痉挛发作。多数患儿有发热症状，但也可以无热或低热。

孕妇应接受破伤风免疫注射。分娩时应采用新法科学接生。在接生时严格无菌操作，注意脐带端的清洁处理，是预防本病的根本措施。若遇急产而来不及使用消毒接生包，可将剪刀在火上烧红后使用，并把脐带残端多留4～5厘米，并在24小时之内按严格消毒操作将脐带远端再剪去一段，重新消毒结扎。其近端用1：4 000高锰酸钾溶液或3%过氧化氢溶液清洗，再涂以2.5%碘酒。同时，给新生儿肌肉注射破伤风抗毒素和青霉素，可以预防感染。

新生儿脐炎如何护理

新生儿脐炎主要是指新生儿生后10天内出现脐轮红肿、脐窝见脓性分泌物，严重时可有发热、吃奶差等表现。脐带是胎儿在母体内由母亲供给胎儿营养和胎儿排泄废物的通道，胎儿出生后，接生人员就将脐带结扎，切断。断脐后，脐带残端逐渐干枯变细而成为黑色。一般在生后3～7天脐带脱落，脐带脱落前伤口很容易感染而发生脐炎，如果处理不得当，细菌就容易通过脐部进入血液中，引起败血症。

新生儿的特异性和非特异性免疫功能均不够成熟，出生断脐后，脐部是一个开放的伤口，细菌容易在脐部繁殖并进入血液。几乎所有脐带在出生后第1天是无菌的，以后逐渐有金黄色葡萄球菌、表皮葡萄球菌、大肠杆菌、链球菌集落，也可以有深部厌氧菌。在断脐时或断脐后，消毒处理不严、护理不当就很容易造成细菌污染，引起脐部发炎。

脐带根部发红，或脱落后伤口不愈合，脐窝湿润、流水，这是脐带发炎的最早表现。以后脐周围皮肤发生红肿，脐窝有浆液脓性分泌物，带臭味，脐周皮肤红肿加重，或形成局部脓肿，败血症，病情危重会引起腹膜炎，并有全身中毒症状。发热，不吃奶，精神不好，烦躁不安等。慢性脐炎时后可形成脐部肉芽肿，为一小樱红色肿物突出、常常流黏性分泌物，经久不愈。

新生儿脐炎的防治要点：①保持局部干燥，勤换尿布，防止尿液污染；②如果单纯出现脐部表现，可局部处理。先用过氧化氢涂擦脐窝，然后用2%甲紫外涂消炎，每天

2次，2～3天可痊愈；③若在有脐部表现的同时出现全身症状，就需要应用抗菌药物治疗，可以根据致病菌选用抗菌药物。一般选用一种抗菌药物即可。

预防新生儿脐炎的关键在于断脐时严格执行无菌操作，做好断脐后的护理，保持局部清洁卫生。

新生儿脐眼不闭如何护理

在人体胚胎发育的第2周起，胚胎中的卵黄囊开始变形，一端向胎盘生长，另一端向羊膜腔凸出、卷曲并延长，最后形成原始消化道。在这一变化过程中，胎儿的脐带就形成了，而卵黄囊的延长则在脐部形成很细的卵黄管，该管在胎儿第5周萎缩，并且在第2个月后与小肠分离而消失。

如果卵黄管在其变化过程中发生异常，胎儿出生后，脐眼就可能出现：①卵黄管在脐与小肠间的管道全部残留并处于开放状态，形成脐粪瘘；②靠近肠端的卵黄管闭合，脐端不闭合，形成脐窦；③有时脐窦内的卵黄管残留一些肠黏膜组织，它会分泌少量血性液，久而久之，由于黏膜发生感染、增生并向脐部外翻形成了小肉团，叫脐茸；④形成脐眼与膀胱相通的脐尿管未闭。卵黄管未闭的患儿从脐眼有粪水流出，脐尿管未闭则有尿液溢出，脐茸和脐窦因为常有细菌感染，所以经常有脓性分泌物溢出。只要在适当的时候经过一定的手术，脐粪瘘、脐窦、脐茸和脐尿管未闭等是可以根治的。手术一般选择在小儿6个月左右施行为宜。在手术前的一段时时内，家长要注意给患儿的脐眼做清洁保护，以免脐眼及脐周皮肤糜烂。如发生感染，应及时去医院检查治疗，以防感染扩散，延误治疗。

新生儿乳腺炎如何护理

足月新生儿乳房肿胀，是胎儿在母体内受母体卵巢孕酮的影响。而使新生儿泌乳则是因胎儿受母体垂体催乳素的影响所致。新生儿乳房肿胀及泌乳是正常现象，不论男女皆如此，早产儿则很少出现这种现象。肿胀的乳房有的能分泌出几滴甚至20毫升的乳汁，其乳汁的成分与母乳的初乳相似。

民间有一种说法，认为女性新生儿饱满的乳房要挤一挤，不然将来是个“瞎奶头”。这种挤奶头的陋习是造成新生儿乳腺炎的直接原因。有的母亲看到新生儿饱满的乳头，常有意无意地用手去抚摸、挤压，也是造成新生儿乳腺炎的重要原因。新生儿乳腺炎最初仅出现红肿，继之出现疼痛(表现为新生儿哭闹)、发热、化脓、体重不升或下降、拒食等，可由此引起败血症、脓毒败血症，甚而造成新生儿死亡。

一旦发生新生儿乳腺炎，应积极治疗，在医师指导下局部热敷，可用如意金黄散敷于肿胀处。多数情况下需静脉输入广谱抗生素。必要时可对局部病灶行手术切开引流，术后形成的疤痕对女婴未来分泌乳汁会有一定影响，但此时也必须做如此处置。

其实，新生儿乳腺炎的预防十分简单，就是不要用手去抚摸或挤压新生儿肿胀的小乳头。多数新生儿乳房胀大，在生后1～2周内会自然消退，个别的亦可于2～3个月消退，所以完全不必在意这种正常生理现象，千万别因为成年人的错误举动，无意中害了孩子。

新生儿肝炎综合征如何护理

新生儿出现黄疸，肝脾肿大及肝功能不正常等症状并不罕见。但新生儿肝炎的病因较复杂，与我们一般所见到的成人或儿童的甲型或乙型肝炎不完全一样，故一般称为新生儿肝炎综合征。

各种感染因素如乙型肝炎病毒、巨细胞病毒、C病毒、单纯疱疹病毒及弓形体病菌可以通过胎盘或在分娩过程中，胎儿通过宫颈时被感染。患儿可在新生儿期缓慢起病，生理性黄疸迟迟不退，或有呕吐奶、厌食、体重不增、尿黄及大便发白或淡黄色等症状，如家长不注意，往往到一个多月或更晚才被发觉。

有一部分先天性代谢病也常伴肝脾肿大及肝功能不正常，如半乳糖血症、遗传性果糖不耐受症等都因缺乏某些基因而引起酶代谢障碍，形成病变。除肝脏外，常伴神经系统或肾脏等其他器官的病变。如能及时诊断，如半乳糖血症患儿早停止乳制品及含半乳糖食品的喂养，可使病情缓解。

此外，先天性胆道闭锁与新生儿肝炎的临床表现相似，很难鉴别，如按肝炎进行保守治疗，可使患儿进展为胆汁性肝硬化而失去治疗机会。因此，要及早进行鉴别，如已确诊为胆道闭锁，应及时进行手术。此外，其他后天性感染，如传染性单核细胞增多症是新生儿黄疸比较常见的原因之一。

新生儿结膜炎如何护理

有的孩子出生后不久，双眼出现很多黄白色分泌物，有人认为这是孩子“火大”的缘故，于是采取了降低室内温度，减少婴儿的包被、衣着的做法，甚至对新生儿最好的喂养方式——母乳也有了怀疑。实际上，这是由于新生儿眼部发生了感染。

因为新生儿的免疫能力低下，对病原菌的抵抗力太弱，甚至那些对成人和儿童不会致病的细菌也可引起新生儿感染。同时由于新生儿的眼泪少，病原菌很易在眼部繁殖而产生炎症。当新生儿出生时，眼部很易为产道病原菌污染传染而发病，比如有患淋病的孕妇，经产道分娩时极易使新生儿感染，使新生患淋病性眼病。此外，出生不久的婴儿被不洁的手巾、手帕、医护人员的手等传染。由此可见，新生儿患结膜炎的机会和原因是很多的，应引起家长和医护人员的注意。

孕妈妈如果患淋病或非淋菌性尿道炎、阴道炎、一定要及时看医师，及时选用抗菌药物进行治疗。

妈妈在照料宝宝时，一定要保持自己的双手及衣服清洁，千万不能用不干净的手帕擦洗宝宝的脸和眼。对宝宝用过的物品，特别是毛巾、手帕要进行消毒。

如果宝宝眼部有分泌物，或是已患上结膜炎，请做如下护理。

◎ 每次清除宝宝眼部分泌物时，切记要先用流动的清水将手洗净。

◎ 将消毒棉签在温开水中浸湿(以不往下滴水为宜)，轻轻擦洗眼部分泌物。

◎ 如果睫毛上黏着较多分泌物时，可用消毒棉球浸上温开水湿敷一会儿，再换湿棉球从眼内侧向眼外侧轻轻擦拭，一次用一个棉球，用过的就不能再用，直到擦干净为止。

◎ 用抗生素眼药水滴眼。妈妈手持眼药瓶，将药水滴入宝宝的外眼角，不要滴在黑眼珠上或让药瓶口碰触眼睫毛，瓶口离眼要保持2厘米，每次2～3滴即可。滴后松开手指，用拇指和食指轻轻提上眼皮，以防药水流进鼻腔。若双眼均需滴药，应先滴病变轻轻的一侧，经后再滴较重侧，中间最好间隔3～5分钟。如果是淋球菌感染，选用青霉素眼药水。衣原体眼炎用红霉素眼膏，还可用0.5％的金霉素眼药水滴眼或0.1％的利福平眼药水滴眼。

如果眼部红肿明显，脓性分泌物过多及白眼球充血，一定要及时去眼科诊治，不得延误。

新生儿低血糖如何护理

不论足月还是早产的新生儿，血糖低于2.2毫摩尔/升都称为低血糖症。早产儿和低体重儿肝脏糖原储备不足是引起新生儿低血糖的主要原因。加之，新生儿患病时易发生缺氧、酸中毒、低体温、低血压，出现无氧代谢，加速糖的消耗，使血糖降低。新生儿低血糖症状表现为没有精神、嗜睡、喂养困难，或出现烦躁、震颤、惊厥、一阵阵呼吸停止等。也可以没有任何症状，这种现象常在早产儿中出现，由于不能及时发现，对小儿造成的危害更大。如果新生儿低血糖时间较长，葡萄糖供应不足，对脑的影响很大，可发生严重的脑损害，故应提高警惕。

由于低血糖对小儿的脑有损害，因此必须及时治疗。对于没有症状低血糖的新生儿，可先给小儿口服10%葡萄糖液或给予喂奶，生后2～3天内每2小时喂1次，每次2～6毫升，如果复查血糖还不升高，可以在医师的指导下给予静脉滴注葡萄糖，用药4～6小时后根据血糖测定结果调节用量，血糖正常24小时后可以停药。

对于有症状的低血糖症小儿，可以立即给予10%～15%葡萄糖，按每千克体重用药5～10毫升的量静脉推注，速度为每分钟1毫克。静脉推注后，继续给予葡萄糖静脉滴注，用量为每分钟每千克体重5毫克静脉滴注。用药过程中需每4～6小时测血糖1次，血糖正常24小时后逐渐减慢速度，48～72小时停止静脉滴注。上述治疗应在医院进行。

对有可能发生低血糖的新生儿应该从生后1小时就开始喂5%～10%葡萄糖液，每次5～10毫升，每1小时1次，连续3～4次。如果无呛咳及呕吐，生后2～3小时可喂奶，从少量开始，在第一天，每2小时喂奶1次，逐渐增加奶量及延长喂奶时间至每3小时1次。正常新生儿也应该尽早开始喂奶，避免低血糖的发生。

新生儿低血钙症如何护理

新生儿低血钙主要是由于胎儿钙储存不足，或出生后磷摄入量过高，或因甲状旁腺功能抑制、降钙素增多引起，按照起病时间的早晚分为早期低血钙和晚期低血钙。早期低血钙发生在生后2天内，常见于早产儿、窒息和糖尿病母亲的婴儿。晚期低血钙发生在出生第3天以后，在生后第1周末最多见，多见于用牛奶喂养的新生儿，因为牛奶中含磷相对较高，而使血磷升高，血钙降低。

当血钙低于1.75～2.00毫摩尔/升或游离钙低于0.75毫摩尔/升时就称低血钙症。低血钙主要表现为小儿不安、惊跳、震颤、局部或全身惊厥。亦可有呼吸暂停及青紫，偶尔可有喉痉挛伴喉喘鸣。

凡是确诊为低血钙症的小儿，立即将10％葡萄糖酸钙按每次每千克体重1～2毫升，加等量的5％～10％葡萄糖稀释后缓慢静脉注射(每分钟不超过1毫升)。必要时6～8小时后重复用药1次，剂量同前，每天的总钙量不超过每千克体重25～40毫克。急性症状控制后，可以改为口服钙剂，每天1克，分3次口服。如口服10％葡萄糖酸钙口服液每次3毫升，每天3次口服。口服钙剂3天后，可加用含有维生素D和A的制剂。静脉用钙剂必须在医院用药，因为静脉注射钙剂有很多副作用，注射过快可使心脏停止跳动而致人死亡，注射时药物从血管中外漏可造成组织坏死等。

预防新生儿低血钙症关键在于孕母要摄入足够的钙和维生素D，尤其在妊娠后期，更应该注意补钙，多吃一些含钙多的食品，如鱼、虾、牛奶、骨头汤等，使小儿在母亲体内就得到充足的钙。

新生儿缺氧缺血性脑病如何护理

新生儿一般在出生后1分钟及5分钟由医师分别进行两次Apgar评分。正常新生儿为满分10分，评分越低，说明宝宝在出生之前缺氧窒息越严重。如：7分以上为轻度缺氧，往往不影响预后。4～6分为中度窒息，经积极处理常可在短时间内恢复。少于4分时，呈重度缺氧窒息、呼吸抑制之表现。此时，必须由医师进行紧急抢救复苏，才有好转的可能，否则新生儿很难存活。

虽经急救复苏，但出生10分钟后仍评分很低，尚未建立正常有效呼吸的新生儿，即使幸存下来，由于长时间缺氧，大脑细胞受损，日后可出现智力低下或运动障碍等后遗症。患儿抵抗力低下，还容易出现吸入性肺炎、新生儿硬肿症、低血钙、低血糖、新生儿颅内出血及周身感染等疾病。

所以对出生评分较低，但经抢救恢复正常的新生儿，护理要特别精心。

◎ 首先要保持安静的室内环境，更不要经常抱动或移动宝宝。

◎ 要注意保暖，过热容易使宝宝水分丢失，出现脱水热。过冷出现体温不升或新生儿硬肿症。冬天里宝宝居室理想温度应在18～22℃。如无条件可用热水袋放在新生儿襁褓周围，水温40～60℃，1～2小时换水一次，使宝宝体温维持在36～37℃之间。还要保持一定的空气湿度。

◎ 要仔细喂养，也可用1：1、2：1至3：1的牛奶与水的比例，加5％糖水的牛奶喂养宝宝，并逐渐增加牛奶的比例，以少量多次为主，不宜一次喂得太饱，以防呕吐、误吸，发生吸入性肺炎、窒息的危险。喂牛奶的宝宝要及时补充钙剂及鱼肝油。

◎ 要防止感染。新生儿所在的房间人员流动要少，有传染病、皮肤感染或正患感冒的亲属应尽量避免与宝宝接触。同时要加强脐部、臀部及口腔的护理，从而保证宝宝的健康成长。

宝宝粪便中的健康信号

宝宝出生24小时后，体内会排出一些黑绿色、黏稠的焦油状粪便，我们叫做“胎粪”。当宝宝还未出生，这些“胎粪”就已经存在于他的肠道内了。出生后，在他开始正常的消化之前，需要把这些物质先排出体外。一般这种黑绿色的胎粪，仅在宝宝出生的 2～3天内出现。宝宝进食后，他的消化系统慢慢适应他所吃的食物，大便也开始转成棕绿色，半流体状。再过几天，大便颜色转成淡黄色或棕黄色，大便的性状也开始逐渐变得比较干，次数也由毫无规律(几乎每块尿布上都沾满)，逐渐变得有规律、有次数可循。

不同的宝宝每天大便次数会各不相同，而同一个宝宝每天、每次的大便也会发生一些变化，这些，都可以不必太在意。因为，随着宝宝的一天天长大，他的大便的次数会越来越少、大便会越来越干，颜色也会出现一些细微的变化。

新生儿在刚开始的几天内，每天也许会有3～4次大便、甚至更多，但2周后，他的次数会一下减少到1天1次或2天1次，这种改变是正常现象。宝宝的大便可能会出现：松散不成形；夹有绿色；每次喂哺后马上就拉；头几天里次数多达6次，这些也都属正常现象，不必过于担忧。

纯母乳喂养的宝宝，会排出浅黄色大便，一般为糊状或是比冰棋淋黏稠一些，没有硬度，没有气味。吃母乳的宝宝很少便秘，宝宝几乎能吸收母乳中的所有东西，遗弃的废物很少。从这方面也解释了为什么有时的宝宝会3天才有1次大便。需要注意的是：母亲的食物结构会影响宝宝的大便，因此，要避免刺激性的食物，十分辛辣的食品可能会扰乱他的消化。奶粉喂养儿的大便量多、色浅。奶粉喂养的宝宝，在他的消化功能稳定后排便次数会比较多，排出的量也偏多，大便的质地也比母乳喂养的宝宝硬，颜色呈棕黄色且有异味。当然，宝宝的粪便有时会变得柔软，像炒蛋一样，但最常见的还是质地比较干硬的大便，有时甚至夹有灰白色的奶斑。喂养宝宝的食具要严格消毒，以防细菌感染导致腹泻。

只要宝宝生长健康，体重不断上升，吃得下、睡得香，就没必要太在意他的大便颜色和性状的变化。如果宝宝偶尔大便变稀，不能说明他有什么异常、或有什么感染。但是，如果他的大便呈水样，伴有突然的颜色和气味的变化及排便次数的增加，那么，一定要带他去看医生。随着宝宝的生长，吃下不同的食物也会引起大便的一些变化。例如，某种水果或蔬菜都会引起颜色和性状的改变。一般无需紧张。如果给宝宝喂食了某种食物后，他的大便变稀了，那么，应该立即停止喂食这类食物，过一段时间后，重新给宝宝尝试，并且少量添加。

如果宝宝粪便中出现少量血丝，需检查宝宝的肛门，看周围是否有血管破裂的现象，若有则要去看医生。如果粪便中出现大量的血液、浓汁、黏液，说明宝宝可能有肠道感染，须及时去医院诊治。

忌忽视小儿过食性腹泻

腹泻是新生儿和婴儿的常见病，发病的原因较多，除了肠道病毒和细菌感染、非肠胃系统的传染病灶等引起之外，因超量喂食而引起的过食性腹泻也有相当的比例。小儿过食性腹泻在临床上以过食物质的不同区分为三种。

◎ 糖类过食。主要是过量摄入淀粉食品，如米糊、米粉等造成胃肠内淀粉酶相对不足，导致肠内淀粉异常分解而引起发酵性消化不良，出现胀气、严重腹泻。这类患儿常常因为罹患了呼吸道感染或肺炎，医师嘱咐饮食尽量清淡些，不要过食脂肪和蛋白质，结果做妈妈的单纯给予淀粉饮食，造成此类腹泻。其临床特点是每日排便数次至数十次，粪质粗糙，呈绿水样或糊样，量多，泡沫多，有酸臭味，有时可见粪便中有小白块和多量的食物残渣，或未消化的食物。

◎ 蛋白质过食。有些年轻父母认为小儿生长发育需要蛋白质而大量喂以蛋白食品，远远超过小儿的生理需要和胃肠负担，于是肠内蛋白质异常分解，进而发生腐败性消化不良。这种腹泻的特点是：每日排便3～5次或更多，呈黄褐色稀水便，有刺鼻的臭鸡蛋味。

◎ 脂肪过食。由于脂肪(包括动物性脂肪和植物性脂肪)进食量过多，大于胃肠消化力，从而引起腹泻(又称脂肪泻)。其临床特点是：每日排便3～5次或更多，呈灰白色稀便或糊状，量较多，外观似奶油，内含较多奶块或脂肪滴，臭味较重。

小儿过食性腹泻是喂养方式失误造成的。年轻父母们应该对此有充分的认识，根据发生的原因调整婴儿饮食的种类与数量。对于过食性腹泻患儿首先应大体计算一下，按生理需求需要多少蛋白质、淀粉和脂肪，根据病情和消化功能，予以科学调整。

小儿营养三要素的提供标准为：蛋白质，母乳喂养的婴儿每日每千克体重2克，牛乳喂儿每日每千克体重3.5克。脂肪，婴儿每日每千克体重4克。淀粉，婴儿每日每千克体重12克。

对由于营养摄取过多而引起胃肠消化功能障碍所致腹泻的患儿，应在限制进食的同时，补充适量维生素B_1、维生素B_6及多酶片等，以帮助消化。不要认为小儿一腹泻就是细菌所致而盲目滥用抗菌素。

要重视新生儿体检

新生儿的情况是否正常，都必须经过产后检查才能够明确。所以，新生儿的体检更不是可有可无的，更不能用大人的自我感觉是否良好来代替。

为了宝宝的正常生长和体格健壮，在满月后就要给孩子进行保健检查。检查项目包括：测量身长和体重在内的全身体格检查、脐部的愈合情况、婴儿的营养状况和智力发育等方面。同时，根据是采用母乳喂养、人工喂养，还是混合喂养等具体情况，请医生确定是否需要补充维生素或其他营养成分。

新生儿不宜用中药针剂

家庭用药时，往往会认为西药的毒副作用大，使用时特别谨慎，而喜欢应用自认为无副作用的中药进行治疗。其实应用中药也须慎重，特别是内含苯甲醇的中药针剂，新生儿就不宜应用。这是因为苯甲醇在体内氧化为苯甲酸，在肝中与甘氨酸结合生成马尿酸排出体外。上述反应系酰基结合，常需借助于酰基辅酶A合成酶和酰基转移酶的催化进行的，而新生儿未成熟的肝脏缺乏这些酶，故不能代谢苯甲醇而显示毒性。国外曾报道16名新生儿因用了含0.9%苯甲醇的生理盐水冲洗过的血管插管或接受了含苯甲醇制剂，而引起死亡。但在大一些的婴儿和儿童中，却没有发生中毒的报道。上述死亡原因提示，使用苯甲醇附加剂的剂量是很低的，换言之，苯甲醇只须少量进入新生儿体内即可导致中毒。而目前我国生产的中药针剂内含苯甲醇在1%～2%之间，如此大量的苯甲醇，一旦用于新生儿或更大点婴儿，后果将不堪设想。因此，在新生儿或早产儿甚至更大一点的婴儿应禁用含苯甲醇的中药针剂。现将临床常用的含苯甲醇的中药针剂介绍如下：热痛宁针、苦参碱针、牛西西针、板蓝根针、鱼腥草针、复方大青叶针、复方木通针、金银花针、地龙针等。

新生儿发热忌使用退热药

新生儿体温调节中枢功能发育不够完善，汗腺发育不良，排汗散热能力差，若室温过高或保暖太过，容易使体温上升，出现过热。但新生儿偶尔体温稍高一点儿不一定是发热。

新生儿如果出现发热，应以物理降温为主，不宜应用退热药，对发热的新生儿应给以精心细致的护理。

父母应首先检查婴儿室的温度，如高于25℃应予降低，减少小儿的衣服和包被以增加散热，并要注意保持环境安静、通风良好。新生儿高热时千万不可用厚被包裹，以免影响散热，使体温进一步升高。

若体温较高，超过39℃，可给予物理降温，可用温湿毛巾擦浴、酒精擦浴降温，以促进蒸发散热。

保证充足的水分摄入，可给孩子多喂些温白开水或葡萄糖水，以祛除体内毒素，防止脱水。

如果经过上述处理后，孩子仍不能降温，并且有咳嗽、呼吸困难、精神差、不吃奶及高热惊厥等情况时，应及早送医院，请医生给予诊治。

对小儿中低度发热，如果人为地降低体温，反而破坏了机体对疾病的正常反应，影响病情的诊断，甚至因体温下降而放松警惕，以致贻误治疗。这就是医生为什么对有些发热小儿不轻易采取退热降温措施的道理。对39℃以上高热和有热惊厥史的小儿，为了减轻发热对人体的损害，适当退温是必要的。最常用的是物理降温、药物降温(新生儿忌用)两种方法。

新生儿接种的第一种疫苗

给新生儿接种卡介苗是为了预防结核病的发生。新生儿身体各部分的内脏器官都比较娇嫩，抵抗传染病的能力较差。结核病是一种慢性传染病，至今在我国仍有流行。它往往以很隐蔽的形式传播，不少新生儿、婴儿在不知不觉中被传染上，并发展成为很严重的症状，如结核性脑膜炎，不但威胁生命，就是存活下来也可能造成痴呆的后遗症。结核菌还能长期隐蔽在体内，成为以后发病的隐患。卡介苗是强有力的抵抗结核病的武器，所以一定要给新生儿接种卡介苗。

新生儿出生后一般在医院都接种了卡介苗，在家生的孩子也应到保健门诊接种卡介苗。接种卡介苗1个月后局部出现红肿、化脓、结痂，不需要处理，痂皮脱落后留下痂痕。接种后是否成功可到保健站或医院检查，不成功者还需要重新接种。在3个月时，到结核病防治站或保健站进行结核菌素试验，48小时或72小时看结果。如果注射部位出现直径大约为0.5～1厘米的红肿硬斑，说明卡介苗接种成功；如注射部位无任何反应，则说明接种失败，需要重新接种。

但是，新生儿有以下情况忌接种卡介苗：①体温超过37.5℃者;②早产儿及难产儿;③具有明显临床症状的分娩创伤者;④患有脓疱病、全身湿疹等影响全身的疾病者。以上新生儿可以暂缓接种卡介苗，以免影响健康，引发不适，待以后适当时机，由医生确定时间补种卡介苗。

应及时给新生儿接种乙肝疫苗

乙型肝炎是由于乙肝病毒所致的一种传染病，其传染性很强，有消化道传播、血液传播等，主要是通过血液传播，比如注射、输血以及生活接触、餐具、漱口用具等，都可传播。母亲在妊娠后期患乙型肝炎或是乙型肝炎病毒携带者，血液中的病毒通过胎盘这一维持母亲与胎儿联系的纽带而进入胎儿体内，或者是分娩时在产道中婴儿皮肤、黏膜受母血感染而致病，以及生后哺乳，病毒通过乳汁进入新生儿体内，均可引起感染，导致肝炎发生，在医学上把上述这种传播途径称为“母婴传播”。

由于婴儿免疫耐受性的原因，感染后一般没有临床表现，大多数将成为持续病毒携带者，这是社会上慢性乙肝病毒携带者的主要来源。这些人有可能发展为慢性肝炎、肝硬化或肝癌，严重影响小儿的正常生长发育。因此必须对新生儿出生后24小时内注射乙肝疫苗，使孩子自身能产生抵抗乙肝病毒的能力，阻挡母婴传播的这条途径，也可防止外界其他途径(输血、注射、接触乙肝病人)的感染。

婴儿湿疹的治疗和护理

湿疹是小儿接触到某些致敏因素的刺激而引起的过敏皮疹，多见于2～3个月的婴儿。好发于头部、面部，严重者可波及全身。病情反复，瘙痒厉害，婴儿哭闹不安，影响吃奶和睡眠。婴儿患了湿疹如果忽视了护理，或护理不当，会引起感染而导致其他更严重的疾病。所以，在护理婴儿时必须了解注意一些禁忌知识，才有利于治疗、康复。

一旦婴儿被怀疑患有湿疹，应找医师先鉴别诊断是否有其他类似疾病，如脂溢性皮炎(预后较好)、鱼鳞病、接触性皮炎、葡萄球菌感染、代谢性疾病等。去除上述疾病的可能，湿疹确诊后应好好的护理，首先要做到按时喂奶，使胃肠消化规律化，如果是母乳喂养，要嘱咐母亲忌食海鲜、辛辣等有刺激性的食物。患儿的皮肤不能用热水，肥皂擦洗，不能搔抓，皮肤皱褶处要洗净、扑粉，经常保持干燥，患儿的内衣要干净、宽大、柔软。皮肤如果发生红斑，丘疹可外用肤轻松软膏、维肤膏等；如有糜烂、渗液可外用复方锌油；如发生继发感染，有脓液，可外用千分之一的雷凡奴尔溶液湿敷；若眼睑糜烂，可用金霉素眼膏外涂。在用外用药治疗的同时，可内服抗过敏药物。婴儿湿疹不是癣，绝对不可用癣药水、癣药膏乱涂。

◎ 忌用肥皂及热水洗湿疹患处。因为碱和热水的刺激可加重湿疹的症状。可用棉花或石蜡油擦洗，保持局部清洁、干燥。

◎ 避免接触致敏物质，如春天刮风时应少带孩子外出，不要到花开较多的地方去，避免接触花粉、油漆等。

◎ 饮食上要注意去除致敏源。因喝牛、羊奶引起的湿疹，婴儿要忌饮牛、羊奶。必需时可延长煮奶的时间，以使牛奶中的蛋白质变性，也可在牛奶中加入代乳粉等以增加糖类，降低异性蛋白的比例；母乳喂养者，乳母饮食上要注意，忌食鱼腥食物及刺激性食物。

◎ 患湿疹期间，千万不要接种牛痘，否则会出现发热、反应重，湿疹处还会出牛痘，愈后留下瘢痕。

◎ 婴儿患湿疹时，忌给婴儿穿毛织物衣服。毛衣、毛毯、化学纤维织品均容易引起过敏反应。因此，应改用棉布衣物。

◎ 不要给病婴乱用药，以免加重病情，应到医院请皮肤科医生诊治。

婴儿使用外用药也要慎重

婴儿的皮肤发育尚不健全，许多外用药容易穿透皮肤，特别是皮肤黏膜有创伤或发生炎症时，其吸收药物更加迅速。婴儿应用外用药物过量而发生中毒事故并不少见，如用新霉素软膏过量引起耳聋；用皮质激素软膏过量会发生全身浮肿；用硫酸阿托品滴眼引起超高热；用硼酸软膏过量引起呕吐、红斑、惊厥、肾损害；用水杨酸软膏过量引起呕吐、呼吸急促、嗜睡；用酒精溶液湿敷引起嗜睡、呼吸困难；用薄荷脑擦洗引起呼吸困难、紫绀；用红汞过量能引起汞中毒等等。因此，婴儿的皮肤、耳、鼻、眼、口腔、肛门等部位需要使用外用药时，不论是水剂，还是软膏、乳膏或粉剂，均应特别注意。必需应用这些药物时，应控制药物的浓度和剂量及使用的面积和次数等。同时，在用药物过程中还应严密观察，以防止由于皮肤或黏膜吸收了过多的药物而发生中毒。总之，由于新生儿与成年人差别很大，不要自己随意用药，要在医生指导下进行。

新生儿头发稀少不宜盲目治疗

有的新生儿出生后头发稀少，不少家长为此而烦恼，认为是母亲怀孕时患病或营养不良引起的。怕孩子长大后还是头发稀少，或成秃发影响美观，便想进行治疗。其实，胎发的多少存在个体差异，这种差异与母亲怀孕时营养好坏、疾病情况、妊娠反应的严重程度以及情绪毫不相关，因此，母亲不必为孩子的头发稀少而感到内疚，更无需担心和治疗。据了解，目前有的家长不给孩子洗发，原因是怕洗发时将头发拉掉，头发更少。实际上，在洗发过程中脱落的头发是已经衰老的头发，属于自然脱发。如长期不洗发，油脂和汗液分泌物刺激头皮，可引起头皮发痒和继发感染。还有的家长把婴儿头发剃光，认为剃光后能长出好的头发，这种方法未必见效。

研究表明，孩子出生时头发稀少，并不影响今后头发的生长，在一般情况下，小孩大约在一周岁或更早些，头发会逐渐长好，两岁左右时头发则会自然长满。当然，并不是所有的孩子头发生长状态都一样，好一些、差一些，密一些、稀一些，都是自然现象，并不是病态，不用盲目着急。

婴儿忌过量服用鱼肝油

鱼肝油含有维生素A和维生素D，其中维生素A的含量是维生素D的10倍。

有些人认为鱼肝油是一种补品，长期给孩子大量地服用；治疗佝偻病时，长期超量服浓缩鱼肝油丸，当维生素D达到治疗量时，维生素A已经大大超过了需要量。这样，就往往产生维生素A的蓄积中毒。

维生素A中毒是慢性的，会影响小儿的健康和发育，尤其是1～2岁的小儿，常见的症状是毛发脱落、皮肤干燥奇痒、食欲不振、脂溢性皮炎、容易激动、口角皲裂、肝脾肿大、上肢和小腿等处新骨增生、头围增大、颅压增高等。维生素D也会引起中毒，常见的表现为食欲不振、恶心呕吐、血钙过高、肾功能减退等症状。因此，鱼肝油一定要合理使用，绝对不能作为补品长期大量服用。婴儿作为预防佝偻病服用浓缩鱼肝油滴剂时，每日4～6滴即可；到1周岁左右，添加一定辅助食品，晒晒太阳，就不要再服了。如果是单纯治疗佝偻病，最好选用单纯的维生素D制剂，如维生素D_3丸或维生素D_2片，以避免由于服用浓缩鱼肝油而发生维生素A中毒。

忌随便给婴儿吃钙粉

假如孩子缺钙，应该请医生看，医生会根据孩子的缺钙程度，让孩子服用鱼肝油或是注射维生素D。婴儿成长中需要的钙质，每天吃一个鸡蛋就足够了。但是食物中的钙质不容易被吸收，它常常随同排泄物被排到体外。鱼肝油含维生素A和D，其作用是促进钙、磷在肠内吸收。但是，许多家长一听说自己的孩子缺钙，就给孩子吃大量钙粉，这样不但不能改变孩子的缺钙状况，反而会引起别的病症。因为钙粉和牛奶会结成不易消化的奶块，但孩子的肠功能紊乱，引起食欲不振等不良后果。

佝偻病的发生不是由于缺钙，而是由于孩子体内缺乏维生素D，所以医学上称为“维生素D缺乏性佝偻病”。钙主要是成酸度较大的小肠上段吸收，而维生素D对钙在小肠内吸收起着非常重要的作用，如果维生素D缺乏就会引起体内缺钙，所以单纯吃钙，既不能预防也不能治疗佝偻病。另外，钙质在母乳中含量很丰富，很适合孩子肠道吸收。一般来说，母乳喂养的小儿不需要再补钙。用牛乳喂养的小儿因牛奶中含钙成分比例不适合孩子肠道吸收，因而更容易患佝偻病。对此，应在医生指导下应用维生素D或多晒太阳进行预防，不能单纯给孩子吃钙粉。

小儿佝偻病的发生多在出生后3个月～3岁之前。3个月以前的小儿，因出生前从母体得到的钙基本上够孩子生长发育的需要，不需另外补钙。小儿出生4个月后，应逐渐增加蛋黄、蔬菜等，也不需再吃钙粉。对于1岁以上的小儿能够正常进食，又无佝偻病的症状，就更不需要另外补钙。

婴儿患鹅口疮忌用抗生素治疗

鹅口疮，也叫雪口病，这是一种白色念珠菌感染引起的病症，多见于婴幼儿。常通过产妇阴道、喂奶器和乳母奶头而传染给婴儿。

因为该病的致病病原体为真菌，对抗生素不敏感，所以用抗生素、磺胺类等消炎药无效，有时甚至会使该真菌繁殖更快，加重病情。

正确的治疗方法是使用杀霉菌的药物，如1%～2%紫药水涂口腔，每日2～3次，或用制霉菌素悬液(50万单位制霉菌素粉加入10毫升清鱼肝油中)涂抹，也可用冰硼散、锡类散涂于患处；用2%～3%的苏打水冲洗患处也有较好的疗效。

婴幼儿忌用氯霉素眼药水

氯霉素眼药水和氯霉素片剂一样，也有引起再生障碍性贫血和“灰婴综合征”的危险。有的家长因不了解氯霉素眼药水的毒性反应，擅自给婴儿使用，结果会引起中毒。

氯霉素眼药水中氯霉素含量虽然很低，但婴儿组织柔嫩、黏膜血管丰富，对药物吸收迅速，加之其肝肾功能发育不健全，肝脏缺乏分解、破坏氯霉素的葡萄糖酸转移酶，而且，肾脏对药物的排泄能力较差，所以婴儿长时间频繁使用氯霉素眼药水，可通过局部黏膜迅速吸收并在血液中储积。氯霉素对有过敏体质的婴儿可抑制骨髓造血系统，引起进行性贫血、出血倾向和反复感染，甚至诱发再生障碍性贫血；若血中氯霉素浓度过高，会损害心肌组织，引起循环衰竭，导致“灰婴综合征”，表现为腹胀、面色青灰、体温降低和休克。

因此，为了小儿的安全和健康，一般情况下，婴幼儿不宜使用氯霉素眼药水。

婴幼儿忌滥用止咳药

婴幼儿呼吸系统有感染时，最常见的症状是咳嗽。当孩子咳嗽时，家长往往给孩子服用止咳药，一种不行再换一种，或者两种药物合用，结果是适得其反，咳嗽久治不愈，个别患儿甚至咳嗽加剧，病情越来越重，这是什么缘故呢？

咳嗽是人体呼吸道对外来刺激的一种保护性动作。例如，吃饭时，饭粒呛入气管内，会引起阵阵呛咳，最终把饭粒咳出来。患支气管炎或肺炎时，通过咳嗽，可将气管、支气管以及肺泡内的病菌以及组织破坏后的产物排出体外，以免这些有害物质在体内继续扩散，使呼吸道保持通畅和清洁。因此，这种有痰的咳嗽对人体是有益的，做父母的不必顾虑重重。然而，有些孩子的咳嗽是无痰的干咳，这种反复剧烈的干咳会影响孩子的休息和睡眠，甚至引起一系列严重的后果。例如，长期剧烈的干咳能使肺组织撕裂和肺血管破裂，以致发生肺气肿、支气管扩张、咯血和胸痛等，故干咳对病人是不利的。因此，家长一定要仔细辨别孩子的咳嗽是属于哪一类。

对于一般的咳嗽，应以祛痰为主，不要单纯使用止咳药。当胸膜炎、肺炎等引起频繁而剧烈的刺激性干咳时，才可在短时间内应用可待因糖浆和喷托维林之类的止咳药。如果是有痰的咳嗽，尤其是痰多者，应选择助咳化痰的药物，如氯化铵、溴己新、乙酰半胱氨酸和中药竹沥油等，使痰液变得稀薄，易于排出。痰液排出后，咳嗽往往也就自然缓解。

如果盲目使用止咳药，虽然有时能将咳嗽止住，但痰液不能顺利地排出体外，含有大量细菌、病毒以及毒素等代谢产物就会长时间的停留在支气管内，一方面阻碍通气，影响气体的交换，使孩子感到呼吸困难；另一方面，肺内丰富的毛细血管网容易吸收毒素，又为细菌和病毒的生长繁殖提供了条件，使病情加重。尤其是婴儿，神经系统发育还不很完善，不会有意识地咳痰和吐痰，因而喉咙中总是“呼噜呼噜”的有痰声作响，有时痰到咽部就自动地咽入胃里。有的患儿得了肺炎，咳嗽时常会出现呕吐，呕吐物也都是些黏液性物质，实际上这就是痰液。对于这些孩子，更不能用止咳药物。

婴儿忌乱喝止咳糖浆

小儿止咳糖浆是人们熟悉的一种家庭常备药，由于此药味甜，小儿喜欢喝，一些年轻的父母也误认为小儿止咳糖浆能止咳又无毒，多喝点好得快，常常过量地给小儿喝。其结果，有的小儿出现了不良反应，影响了小儿身体发育和健康成长。

任何药物都有其安全范围，小于最低用量则不能产生治疗作用，而超过极量却会出现不良反应，甚至产生药物中毒。

小儿止咳糖浆中的主要成分是盐酸麻黄素、氯化铵、苯巴比妥和桔梗流浸膏等药物。小儿止咳糖浆服用过多，会出现盐酸麻黄素的不良反应，如头昏、心跳加快、血压上升，还可出现大脑兴奋，如烦躁和失眠等；苯巴比妥的不良反应是头昏、无力、困倦、恶心和呕吐等；氯化铵服用过量可产生酸中毒等一系列不良反应。因此，小儿服用小儿止咳糖浆应遵照医嘱按规定的剂量服用。

婴儿哭时忌喂药

由于婴儿抵抗力差，可能会患一些疾病，需要服药。但喂药时婴儿会大哭大闹，家长应注意婴儿哭时不要给其喂药，以免药液呛到婴儿肺中。有的妈妈在婴儿哭时，趁势将药液倒入婴儿口中，经常使孩子呛出泪来，并且引起阵阵咳嗽，重者甚至使婴儿窒息而导致死亡。喂药时应将药研碎溶化于水中或乳汁中，然后倒入奶瓶里，加入白糖等合适的调料，让孩子慢慢饮下，这样才不至于呛着孩子或发生意外。

给婴幼儿喂服中药的方法

新生儿的味觉反射尚未发育成熟，对苦味不敏感，可将中药放在奶瓶中，让患儿自己吮吸。新生儿胃容量小，所以中药宜在哺乳前喂服。而且此时病儿处于饥饿状态，便于药的咽下，不易引起呕吐。要注意，不可将中药与乳汁混在一起，否则容易产生凝结现象，降低中药的治疗作用。喂药后，再喂20～30毫升水，使口腔和食道中剩余药液顺利进入胃中，一般每天煎一汁，量50～70毫升，每次喂10～15毫升，分4～6次服完每次皆在哺乳前喂。

给婴幼儿喂药，是家长普遍感到头痛的事，患儿对苦药敏感而拒服，即使入口也会吐掉。可采用以下方法：将患儿抱起或成半卧位，头部抬高，颈部垫上小毛巾，固定手脚，用小匙紧贴患儿嘴角处慢慢喂下。如果小儿不肯咽下，可用拇指和食指经捏小儿两颊，使之吞咽下去。服药后，喂以少量温开水，轻拍孩子背部。绝不能采取捏鼻灌药的方法，以免药液呛入气管，引起窒息。婴幼儿的中药每日煎1汁，量100～150毫升，每半小时到1小时喂1次，每次1小匙。

对3岁以上儿童，应采取劝说、诱导让其自己服药的方式。不要威逼孩子，对已经自己服药的孩子要予以鼓励。此期小儿的中药一般每日煎2汁，每汁约50毫升，分4次服完。

愿每一个家庭都拥有
健康、聪明、快乐的宝宝